高等职业学校"十四五"规划智能制造专业群特色教材

U0641930

钳工实践技能

主　编　陈　刚　刘新灵
副主编　陈　蒙　彭嘉骏　肖志余
主　审　王中林　蒋保涛

华中科技大学出版社
中国·武汉

内 容 简 介

本书从钳工的基础知识入手,以钳工操作步骤和加工方法为重点,突出钳工职业能力,依次介绍了钳工概述、常用量具、划线、锯削、锉削、錾削、孔系加工、攻螺纹与套螺纹、刮削、研磨、矫正和弯曲、铆接、装配、钳工技能训练,以及钳工初级工、中级工、高级工等级考试训练试题。

本书力求内容实用、通俗易懂、图文并茂、理论联系实际,突出实用性和可操作性,扫描二维码可观看学习视频。

本书可作为高等职业学校"钳工实习"课程的教学用书,也可作为中等职业学校师生的教学用书,还可作为企业职工培训及再就业培训参考书。

图书在版编目(CIP)数据

钳工实践技能 / 陈刚,刘新灵主编. -- 武汉 : 华中科技大学出版社,2025.5. --(高等职业学校"十四五"规划智能制造专业群特色教材). -- ISBN 978-7-5772-1781-9

Ⅰ. TG9

中国国家版本馆 CIP 数据核字第 20250V77D0 号

钳工实践技能
Qiangong Shijian Jineng

陈　刚　刘新灵　主编

策划编辑：万亚军

责任编辑：程　青

封面设计：廖亚萍

责任监印：朱　玢

出版发行：华中科技大学出版社(中国·武汉)　　　电话：(027)81321913

　　　　　武汉市东湖新技术开发区华工科技园　　　邮编：430223

录　　排：武汉正风天下文化发展有限公司

印　　刷：武汉市洪林印务有限公司

开　　本：787mm×1092mm　1/16

印　　张：18

字　　数：434 千字

版　　次：2025 年 5 月第 1 版第 1 次印刷

定　　价：59.80 元

前　言

在现代化教育的浪潮中,职业技术教育始终占据着举足轻重的地位,它是提高劳动者素质、推动经济发展的重要途径。钳工实训,是机械类专业学生必修的实践性技术基础课,更是培养"双证"型职业技术人才的关键环节。为了顺应职业教育改革发展趋势,我们精心编写了本书,旨在通过规范化的操作技能培训,提高学生的实际操作能力,为他们未来的职业生涯奠定坚实的基础。

钳工,这一古老而又充满挑战的职业,在现代企业生产中依然发挥着不可替代的作用。尽管随着科技的进步,数控机床、加工中心等先进设备层出不穷,但在设备维修、装配、调试和模具制造等行业中,钳工的技能依然至关重要。钳工不仅需要掌握划线、錾削、锯削、锉削等基本操作技能,还需要具备高超的装配和调试能力,以确保设备的正常运转并满足产品的精度要求。

本书的内容由浅入深、循序渐进,既注重基础技能的训练,又强调技能的提高和装配技能的培养。从基础的钳工操作技巧到典型形体的锉配技能,再到钳工装配的专业技能,每个课题都经过了精心设计和反复推敲,以确保学生能够系统地掌握钳工实践技能。

在编写过程中,我们力求取材新颖、联系实际,将钳工技能与现代工业生产紧密结合。同时,我们也注重教材的实用性和可操作性,通过大量的图形分析讲解和技能训练任务,帮助学生更好地理解和掌握钳工技能。此外,本书还配套了大量的技能训练题,以便学生进行自我检测和巩固提高。

全书运用文字、音频、图片、视频等多种形式,丰富了内容,扫描二维码可实现平面文字与图像视听相结合的一体式学习,使全书的可读性大大增强。

全书由陈刚、刘新灵担任主编;陈蒙、彭嘉骏、肖志余担任副主编;陈强、吴清、陈海忠参加编写;王中林、蒋保涛担任主审。陈刚编写学习情境四、五、六、七、九、十六,刘新灵编写学习情境二、三、八、十一、十七,陈蒙、彭嘉骏、肖志余、吴清编写学习情境一、十二、十三、十四、十五,陈强、陈海忠编写学习情境十;陈蒙、彭嘉骏、严其林、姜典清、熊贤山、邓永仁、王冬炎、王锦鸿、马明辉等参加了技能操作视频的录制等工作,全书由陈刚统稿。本书在编写过程中得到范有雄正高级工程师、周虎首席技师、高海宝高级技师和丁立芳高级技师的指导,也得到其他老师们的积极支持与帮助,在此一并表示感谢。

由于编者水平和经验有限,加之时间仓促,书中难免存在不足之处。恳请广大读者在使用过程中提出宝贵意见和建议,以便不断改进和完善教材。

衷心希望本书能够成为广大钳工学习者、教育者以及从业人员的良师益友,为推动钳工技能的发展和提高劳动者的素质贡献一份力量。让我们携手共进,共同迎接钳工技能新时代的到来!

编 者

2024 年 10 月

目　录

钳工概述及设备场地

　　钳工是以手工工具为主,大多数操作在台虎钳及其他附属设备上,按照技术要求对工件进行加工、修整,对部件、机器进行装配、调试,对各类机械设备进行维护、检修的工种。

　　钳工是一门具有悠久历史的手工技术。随着科学技术的迅速发展,很多钳工工作被机械所替代,但钳工作为机械加工制造中一种必不可少的工种仍具有相当重要的地位。例如:机械及模具的装配、维修,复杂零件中无法用机械设备加工的部位都需要钳工来加工等。其特点是手工操作多、使用的工具简单、灵活性强、适应面广、技术要求高,且操作者本身的技能水平直接影响工作质量。

　　钳工基本操作技能主要包括:测量、划线、錾削、锉削、锯削、钻孔、扩孔、铰孔、锪孔、攻螺纹、套螺纹、弯曲与矫正、铆接、刮削、研磨,以及对部件和机器进行装配、调试、维修、修理等。

▶▶▶ 任务一　认识钳工设备

钳工常用设备有钳工工作台、台虎钳、钻床、砂轮机等。

1. 钳工工作台

　　钳工工作台也称钳工台、钳台、钳桌,高度为 800～900 mm。如图 1-1 所示,其主要作用是安装台虎钳和放置工、量具等。钳台用木材或钢材制成,其样式可根据具体要求和条件确定。台面一般呈长方形,长、宽尺寸由工作需要确定,台虎钳安装到工作台台面后,钳口的高度与一般操作者的手肘平齐为宜,使得操作方便、省力,如图 1-2 所示。钳工的基本操作大多在钳台上进行。

图 1-1　钳工工作台

图 1-2　台虎钳安装高度

2. 台虎钳

台虎钳是用来夹持工件的通用夹具,也是钳工必备的常用工具。台虎钳的规格用钳口的宽度表示,常用的有 100 mm、125 mm 和 150 mm 三种规格。

台虎钳有固定式和回旋式两种类型,如图 1-3 所示,两者的主要构造和工作原理基本相同。回旋式台虎钳的钳身可以相对底座回转,能满足各种不同方位的加工需要,使用方便,应用广泛。

(a) 固定式　　　　　　　　(b) 回旋式

图 1-3　台虎钳

1—钳口;2—螺钉;3—螺母;4,12—手柄;5—夹紧盘;6—转盘座;
7—固定钳身;8—挡圈;9—弹簧;10—活动钳身;11—丝杠

回旋式台虎钳如图 1-3(b)所示,活动钳身 10 通过其导轨与固定钳身 7 的导轨结合。螺母 3 固定在固定钳身内,丝杠 11 穿入活动钳身与螺母 3 配合。摇动手柄 12 使丝杠转动,带动活动钳身移动,从而使活动钳身与固定钳身夹紧或松开被夹持工件,活动钳身和固定钳身上都装有钢制钳口 1,且用螺钉 2 加以固定。与工件接触的钳口工作表面上制有交叉斜纹,以防工件滑动,使装夹可靠,钳口经淬硬以延长使用寿命。固定钳身装在转盘座 6 上,且能绕转盘座的轴线水平转动,当转到所需方向时,扳动手柄 4 使夹紧螺钉旋紧,从而在夹紧盘 5 的作用下把固定钳身紧固。转盘上有三个螺纹孔,用以把台虎钳固定在钳台上。

**台虎钳的
使用方法**

在钳台上安装台虎钳时,使固定钳身的钳口工作面露出钳台的边缘,目的是当夹持长工件时,其不受钳台的阻碍。台虎钳必须牢固地固定在钳台上,即拧紧钳台上固定台虎钳的两个夹紧螺钉,不让钳身在工作中松动,否则,会影响工作质量。

3. 钻床

钻床是一种常用的孔加工机床,钳工常用的钻床根据结构和适用范围不同分为台式钻床、立式钻床及摇臂钻床三种。

(1) 台式钻床　台式钻床是一种小型钻床,一般用来钻直径在 13 mm 以下的孔。其规格是指钻孔的最大直径。台式钻床的结构如图 1-4 所示。这种钻床转速高,效率高,结构简单,操作方便,在小型零件的加工、装配和修理工作中得到了广泛的应用。但是,由于台式钻床的最低转速较高,故不适用于锪孔和铰孔。

（2）立式钻床　立式钻床一般用来钻中小型工件上的孔，其规格有 25 mm、35 mm、40 mm、50 mm 等几种。如图 1-5 所示，立式钻床的结构较完善，功率较大，可实现机动进给，因此可获得较高的生产效率和加工精度。另外，立式钻床的主轴转速和机动进给量都有较大的变动范围，可以进行钻孔、扩孔、锪孔、铰孔及攻螺纹等多种加工。

图 1-4　台式钻床

图 1-5　立式钻床

1—丝杠；2—紧固手柄；3—升降手柄；4—进给手柄；

5—标尺杆；6—头架；7—立柱

（3）摇臂钻床　摇臂钻床常用于大工件及多孔工件的钻孔。如图 1-6 所示，摇臂钻床的工作范围很大，摇臂的位置由电动胀闸锁紧在立柱上，主轴变速箱可由电动锁紧装置固定在摇臂上。工件不太大时，可将工件放在工作台上加工。若工件很大，则可直接将工件放在底座上加工。摇臂钻床的主轴变速范围和进给量调整范围都很广，除了用于钻孔外，还能进行扩孔、锪平面、锪孔、铰孔和攻螺纹等加工。

钻床、砂轮
机用法

4. 砂轮机

砂轮机主要用来磨削各种刀具或工具，如磨削各种錾子、钻头、刮刀、样冲、划针等，也可以用来清理小零件的毛刺和棱边。砂轮机如图 1-7 所示，砂轮机由电动机、砂轮机座、机架和防护罩等组成。为了减少尘埃污染，应带有吸尘装置。

砂轮安装在电动机转轴两端，要做好平衡，使其在工作中平稳旋转。砂轮质硬且脆，转速很高，因此，使用时一定要遵循安全操作规程，防止砂轮碎裂造成人身事故或设备事故。

图 1-6　摇臂钻床

1—底座；2—工作台；3—立柱；

4—主轴变速箱；5—摇臂

图 1-7　砂轮机

任务二　钳工工作场地

钳工的工作场地是指钳工操作时固定的工作地点。为保障安全生产、提高生产效率和产品质量，应合理安排好工作场地。对钳工工作场地有以下几点要求。

（1）钳工车间内主要设备应布局合理。钳台是钳工工作中最常用的，应将其安放在光线充足、工作方便的地方；面对面使用的钳台应在中间装上安全网；钳台间距要适当；钳台上可安装 36 V 以下的工作台灯；钻床应安装在场地的边沿，砂轮机要安放在安全可靠的地方，即使砂轮崩碎飞出也不致伤及人员，必要时甚至可将砂轮机安装在车间外墙沿或者建立单独砂轮机房。

（2）钳工车间的场地应保持整洁，做到安全文明生产。工作完毕后，设备、工具均需要清洁或涂油防锈，并放回原来的位置；工作场地要打扫干净，铁屑等污染物要堆放在指定的地点。

（3）夹具、工具和量具要有规划，合理、整齐存放和收藏，并应方便取用。不允许随意堆放和相互叠压，以防工具和量具受损坏。精密的工具和量具要轻拿轻放，用后及时保养。常用的工具和量具应放在工作台附近，便于顺手取用，工具和量具用完后要及时清扫干净和保养。

钳工工作场地

（4）钳工车间内毛坯和工件的摆放要整齐，不允许放置于地面，应放在货架上，以便于工作。

》》》 任务三　钳工实训基本规则

1. 钳工实训劳动纪律与安全文明生产规则

（1）遵守实训课堂纪律，钳工安全操作规程，设备及工具、夹具、量具保养制度。

（2）热爱集体，尊师守纪；互相关心，团结友爱；听从指挥，勤学苦练；爱护公物，保持整洁。

（3）提前5～10 min进入钳工实训场地，不迟到、早退或旷课，请假要办手续；不得擅自离开工位；不得擅自开动与自己实训工作无关的机床设备。

（4）进入钳工实训场地前必须穿好工作鞋、工作服，工作服袖口应为紧口；不准穿背心、短裤、裙子、拖鞋和高跟鞋；女同学要戴好工作帽；操作机床时严禁戴手套。

（5）在实训老师分配的工位上进行操作，不串岗，不得随意更换工位或动用其他同学的工具、夹具、量具。

（6）工作前应严格检查工具是否完整、可靠，工作场所安全设备是否齐备、牢固。使用前要注意检查，发现损坏和其他故障要立即停止使用。

（7）实训操作时不得大声喧哗、嬉笑打闹，不得顶撞实训指导老师，不得加工任何私人物品。

（8）使用电器设备时，应严格遵守操作规程，防止触电。使用手持电动工具时，应接上漏电开关，并且注意保护导电软线，避免发生触电事故，使用电钻时严禁戴手套。

（9）每天的实训课程结束后，应清理自己所领的工具、量具等，擦拭干净后按要求放置。

（10）使用的机床设备发生故障时，应先停机并切断电源，立即向实训老师汇报，电器设备损坏时，必须请专职电工维修，其他人员不得擅自维修。

（11）保持工位整齐和清洁，不准吸烟，不随地吐痰、乱写乱画，不乱扔废料、杂物、棉纱和纸屑，做到文明生产。

（12）工件加工时，特别是錾削时，要相互照应，防止意外事故发生。

（13）使用电器设备时，不准擅自将插座、插头拆卸；不准直接将电线插入插座中使用。

（14）实训结束后应打扫卫生，检查室内设备及公共物品的安全性和完善性。

（15）按时下课，做好清洁卫生，关好门窗，关好水、电、油的开关和阀门。

（16）不准私自带工具、量具、刀具和零件出实训室。

2. 钳工常用基本工具的使用及保养规则

（1）所选用的工具必须齐备、完好、可靠。

（2）工作前检查手锤、錾子、锉刀、锯弓等是否完好；手锤应装入楔子，锉刀端与錾子端不得有卷边毛刺。

（3）工作中划线平板应处于水平状态，不应在平板上敲击；划线平板用完后要及时擦净、涂油，不得把与工件无关的物品放在平板上面。

（4）不能把扳手、锉刀和刮刀等当手锤或撬杠使用，以免折断伤人。

（5）扳手在使用时，用力大小要适当。活动扳手不准反向使用，不准在扳手中间加垫片扳小件。

（6）不准将台虎钳当铁砧用；不准在台虎钳手柄上用加长套管或用手锤敲击加力，台虎钳应及时清扫和保养。

（7）禁止使用未安装手柄的锉刀、刮刀等，以免扎破手。

（8）在使用整形锉刀时，不要用力过猛，以避免发生危险。

（9）刮研工件时，用力要适当，不能用力过猛。研薄工件时，手不可放入透孔中推拉，以免研伤手。

（10）在台虎钳上用钳口夹紧表面粗糙度较小的工件时，可用紫铜钳口或软铝钳口，以防将工件夹伤。

（11）应爱惜工具，按要求操作，延长工具使用寿命。

（12）工具摆放应整齐有序，拿取方便。

（13）工具应按照规定的要求使用，不得擅自拆卸、改装和修理。

（14）錾削工作中注意周围人员及自身的安全，防止因挥动工具、工具脱落、铁屑飞溅造成伤害。

（15）工具在发放和归还时，须由专职人员检查，并按照规定放置。

3. 钳工常用基本量具的使用及保养规则

（1）应遵守量具使用规则，按要求使用。

（2）量具在使用前和使用后，必须用清洁棉纱擦拭干净。

（3）毛坯工件不可使用精密量具测量。

（4）机床未停止时，不得使用量具测量机床上的工件。

（5）测量工件时，用力不要过大，推力不能过大。

（6）工件的温度过高时，不可使用精密量具进行测量。

（7）量具使用时，应轻拿轻放，规范测量。

（8）普通量具用完后，应整齐地摆放在合适的位置。

（9）精密量具用完后，应擦拭干净、涂油，按照要求存放在恒温干燥的位置。

（10）不能随意拆卸量具，避免硬物损伤测量表面。

（11）认真保养，防止受潮，避免生锈，延长寿命。

4. 台虎钳的使用及保养规则

（1）台虎钳安装在钳台上时，必须使固定钳身的钳口工作面处于钳台边缘之外，以保证夹持长条工件时，工件的下端不受钳台边缘的限制。

（2）台虎钳必须牢固地固定在钳台上，两个夹紧螺钉必须可靠拧紧，使固定钳身紧固，否则在工作中受到冲击和振动时，台虎钳会损坏并影响工作质量。

（3）用台虎钳夹紧工件时，只允许依靠手的力量来扳动手柄，绝对不能用手锤敲击手柄或用加长套管来扳动手柄，以免丝杠、螺母和钳身损坏。

（4）在台虎钳上进行强力作业时，应尽量使力量朝向固定钳身，否则就会增加丝杠和螺母的受力，造成螺纹损坏。严重时将损坏螺母，造成台虎钳不能使用。

（5）在活动钳身的光滑平面上，不能进行敲击作业，以免降低它与固定钳身的配合性能。

（6）要经常清理丝杠、螺母上的污物，添加润滑油，保持清洁，这样有利于润滑和防止生锈,延长台虎钳的使用寿命。

5. 砂轮机的使用及保养规则

(1) 使用前应检查砂轮有无裂纹,法兰盘螺母是否旋紧,防护罩是否齐全。

(2) 新装砂轮必须试转 3~5 min,观察旋转方向是否正确,检查砂轮轴是否平衡,有无振动和摆动等不正常现象。

(3) 启动砂轮机后,须在砂轮转速趋于稳定后方可使用,使用砂轮机时,操作者应站在砂轮的侧面,不应站在正对面,防止砂轮破碎飞出伤人。

(4) 在砂轮上磨削时,必须戴口罩、护目镜等防护用品。

(5) 在砂轮机上操作时,操作者上衣袖要扎紧,手指不可接触砂轮。

(6) 砂轮负荷应符合标准要求,不可超负荷使用,避免磨削件与砂轮猛烈碰撞,压力不能太大,以免用力过大挤碎砂轮伤人。

(7) 不可使用薄砂轮侧面;不可两人同时使用一个砂轮。

(8) 修理砂轮机时手应抓紧工具,细长形工具应向下磨削,以防脱手伤人。

(9) 砂轮与托架应保持一定的距离,一般以 3 mm 为宜,托架应稍低于砂轮中心,以防止磨削件轧入,造成事故。

(10) 在砂轮上磨削时,工件应左右均匀移动,防止砂轮出现偏斜和凹槽。

(11) 砂轮上不准磨大工件,磨工具时应按工具类别选择砂轮材料、精度,不要随意乱用。

(12) 使用砂轮机时,要遵守安全操作规程,防止砂轮碎裂造成人身事故或设备事故。

6. 钻床的正确使用及保养规则

(1) 在钻床上钻孔前,穿好工作服,戴好工作帽。

(2) 启动钻床,观察转速是否适合,观察旋转方向是否正确,是否有主轴振动和摆动过大等不正常现象。

(3) 在钻床上工作时严禁戴手套,钻孔时不准用棉纱靠近钻头或擦工件。

(4) 钻孔时,不许用手抓住工件进行钻孔,必须用钳子夹紧或用压板压牢。

(5) 钻大孔时,应根据钻头扭力大小,选用合适的夹具夹紧或压紧工件。

(6) 钻床工作台上不许堆放工件、工具和量具。

(7) 钻孔时,清除钻屑要使用专用工具,不准用手,更不准用嘴吹。

(8) 钻头有缺陷、弯曲或磨损后,应根据情况及时修磨或更换。

(9) 钻夹头、钻套有问题时,应及时更换。

(10) 用平口钳夹持大工件时,平口钳必须用螺钉压好。

(11) 钻孔中,必须变换转速时应先停机,变换好后,再开机使用。

(12) 当钻头即将钻穿工件时,应减小进给压力。

(13) 钻深孔时应及时排出铁屑。

(14) 应根据工件材料,选择相应的切削液。

钳工常用量具

量具是加工中测量工件时使用的专用工具。为了保证产品达到规定的技术要求,必须对加工过程中及加工完成的工件进行严格的测量。

随着测量技术的迅速发展,量具的种类也越来越多,根据其用途和特点的不同,量具可分为表 2-1 所列的几类。

表 2-1　量具的分类

量具的分类	使 用 特 点	举　例
通用量具	一般都有刻度,能对多种零件、多种尺寸进行测量,在测量范围内能测量出零件形状、尺寸具体数值	游标卡尺、千分尺、百分表、游标万能角度尺、钢直尺等
极限量规	专门用于测量零件某一形状、尺寸,它不能测量出零件的实际尺寸,只能测量出零件的形状、尺寸是否合格	螺纹量规、花键量规等
标准量具（定值量具）	用来校对和调整其他量具,这类量具的测量值是固定的	量块、角度量块、千分尺校验棒等
量仪	测量准确,精度高	光学量仪、显微镜等

钳工在工作中主要对工件的尺寸、角度以及形状和位置精度进行检查,常用量具主要是通用量具、极限量规和标准量具。

▶▶▶ 任务一　测量概述

1. 计量单位

（1）公制长度单位　机械制造业中的主单位为毫米（mm）,10 毫米＝1 厘米（cm）,1 毫米＝1000 微米（μm）。

（2）英制长度单位　在英制长度单位中,1 码＝3 英尺（ft）,1 英尺＝12 英寸（in）,1 英寸＝8 英分,机械制造业中英制长度主单位为英寸。

（3）公英制换算　1 in＝25.4 mm。

（4）平面角的角度计量单位　平面角的角度计量单位分为角度制和弧度制。

注:在工厂车间,曾用过丝米（dmm）、忽米（cmm）等单位,1 毫米＝10 丝米（dmm）,1 毫米＝100 忽米（cmm）,目前丝米、忽米等单位已被废止。

① 角度制的单位是度(°)、分(′)、秒(″)。

② 弧度制的单位是弧度(rad)。$1 \text{ rad} = 180°/\pi = 57°17′45″$。

③ 角度制与弧度制的换算：$1° = 0.0174533 \text{ rad}$。

2. 检测方法及精度

（1）测量　是指以确定被测对象量值为目的的一组实验操作。

（2）测试　是指具有试验性质的测量，也可理解为试验和测量的全过程。

（3）检验　指只确定被测几何量是否在规定的极限范围之内，从而判断被测对象是否合格，而无须得出具体的量值。

（4）测量精度　测量精度（精准程度）是指测量结果与真值的一致程度。任何测量过程总不可避免出现测量误差，误差大，说明测量结果离真值远，精度低；反之，误差小，精度高。因此精度和误差是两个相对的概念。由于存在测量误差，任何测量结果都只能是要素真值的近似值。以上说明测量结果有效值的准确性是由测量精度确定的。

（5）加工精度　加工精度是指零件在加工后，其尺寸、几何形状、相互位置等几何参数的实际数值与理想零件的几何参数相符合的程度。符合程度愈高，加工精度愈高。机械加工精度包括尺寸精度、形状精度和位置精度。

3. 基本计量参数

（1）刻度间距　刻度间距是指标尺或刻度盘上两相邻刻线中心的距离。一般刻度间距为 1～2.5 mm。

（2）分度值　分度值又称为读数值，是指标尺或刻度盘上每一刻度间距所代表的量值。常用的分度值有 0.1 mm、0.05 mm、0.02 mm、0.01 mm、0.002 mm 和 0.001 mm 等。

（3）示值范围　示值范围是指计量器具标尺或刻度盘所指示的起始值到终止值的范围。

（4）测量范围　测量范围是指计量器具能够测出的被测尺寸的最小值到最大值的范围。如千分尺的测量范围就有 0～25 mm、25～50 mm、50～75 mm、75～100 mm 等多种。

（5）示值误差　示值误差指计量器具的指示值与被测尺寸真值之差。示值误差由仪器设计原理误差、分度误差、传动机构失真等因素导致，可通过对计量器具的校验测得。

（6）校正值　校正值又称修正值。为消除示值误差所引起的测量误差，常在测量结果中加上一个与示值误差大小相等、符号相反的量值，这个量值就称为校正值。

（7）测量力　测量力是指计量器具的测量元件与被测工件表面接触时产生的机械压力。测量力过大会引起被测工件表面和计量器具的有关部分变形，在一定程度上降低测量精度；但测量力过小，可能会降低接触的可靠性，从而引起测量误差。

计量与测量方法

▶▶▶ 任务二　钢直尺及使用方法

1. 钢直尺的结构

钢直尺是用来测量和划线的一种简单量具，一般用来测量毛坯或尺寸精度要求不高的工件。常用钢直尺的规格为 0～150 mm、0～300 mm、0～500 mm、0～1000 mm、0～2000 mm 五种。钢直尺的结构如图 2-1 所示。正面刻有刻度间距为 1 mm 的刻线，在下测量面前端 50 mm 的范围内还刻有刻度间距为 0.5 mm 的刻线,背面刻有公英制换算表或英制单位的刻线。

图 2-1　钢直尺结构

2. 钢直尺的使用方法

如图 2-2 所示,测量时,尺身端面应与工件远端尺寸起始处对齐,大拇指的指腹顶住尺身下测量面、指甲顶住工件近端并确定工件长度尺寸,读数时,视线应垂直于尺身正面。

图 2-2　钢直尺握法及测量方法

⟫⟫⟫ 任务三　卡钳及使用方法

1. 卡钳的结构

卡钳是一种间接测量的简单量具,不能直接显示测量数值,必须与钢直尺或其他能直接显示测量数值的量具配合使用。卡钳分为内卡钳和外卡钳两类,外卡钳又分为普通外卡钳和弹簧外卡钳两种。内卡钳也分为普通内卡钳和弹簧内卡钳两种。外卡钳用来测量外表面尺寸;内卡钳用来测量内表面尺寸。普通外、内卡钳的结构如图 2-3(a)(c)所示;弹簧外、内卡钳的结构如图 2-3(b)(d)所示。

2. 卡钳的使用方法

测量尺寸时,可以用卡钳先在工件上度量,再与带读数的量具进行比较后得出读数;

卡钳、塞尺的使用

或者先在带读数的量具上度量出尺寸后再去度量工件。外卡钳与钢直尺、游标卡尺等量具配合进行尺寸度量的方法如图 2-4 所示。内卡钳与钢直尺、游标卡尺、外径千分尺等量具配合进行尺寸度量的方法如图 2-5 所示。

（a）普通外卡钳　　　（b）弹簧外卡钳　　　（c）普通内卡钳　　　（d）弹簧内卡钳

图 2-3　卡钳种类与结构

图 2-4　外卡钳尺寸度量方法

图 2-5　内卡钳尺寸度量方法

>>> 任务四　塞尺及使用方法

塞尺（又称厚薄规、间隙规）是用来检验两个结合面之间间隙大小的片状量规。塞尺尺片有两个互相平行的工作面。

（1）塞尺的结构　塞尺包括尺片和尺套，如图 2-6 所示。

（2）塞尺的规格　塞尺的规格分为 1～5 号，长度有 50 mm、100 mm、200 mm 等。尺片的厚度为 0.02～1 mm，每片间隔 0.01 mm。

（3）使用方法　通过塞尺插入检测法来检测配合面之间的间隙。将塞尺的尺片插入两结合面之间的间隙内来检测其间隙尺寸量值的方法称为塞尺插入检测法，如图 2-7 所示。

图 2-6　塞尺的结构

图 2-7　塞尺插入检测法

塞尺的尺片很薄，容易弯曲和折断，在检测时要谨慎用力，用后要擦拭干净，及时合到夹板内并涂上防锈油。

▷▷▷　任务五　刀形样板平尺及使用方法

刀形样板平尺又称为刀口尺，用来检验工件平面的直线度和平面度。

（1）刀形样板平尺的结构　刀形样板平尺的结构如图 2-8 所示。

（2）刀形样板平尺的测量范围　测量范围以尺身测量面长度 L 来表示，有 75 mm、125 mm、200 mm 等多种，精度等级有 0 级和 1 级两种。

（3）基本检测方法　检测时，尺身要垂直于工件被测表面，要在被测表面的纵向、横向、对角方向多处逐一检测，在每个方向上至少要检测三处，以确定各方向的直线度误差，如图 2-9 所示。

图 2-8　刀形样板平尺

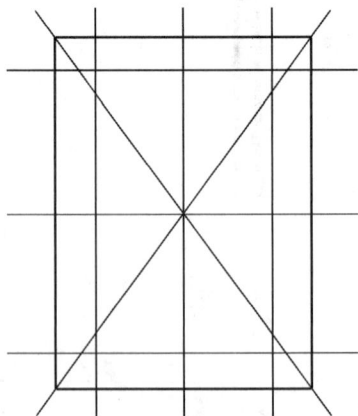

图 2-9　测量方法

（4）透光估测法　在一定光源条件下，通过目视观察计量器具工作面与被测工件表面接触后的缝隙透光强弱程度来估计尺寸量值的方法称为透光估测法。其具体操作方法如图 2-10 所示，测量面要轻轻地置于被测表面，尺身要垂直于被测表面，视线要与尺身基本垂直，在透光箱和其他较强光源条件下，通过目视观察计量器具工作面与被测工件表面接触后的缝隙透光情况来估计尺寸量值，透光越弱，间隙就越小，误差值也就越小。

图 2-10　透光估测法

刀形样板平尺与
半径样板尺用法

（5）注意事项　刀形样板平尺应轻轻地置于工件被测表面，改变位置时，不能在工件表面上拖动，应提起后再轻轻地放在另一处被测位置上，否则测量面易受到磨损而导致精度降低。

任务六　半径样板尺

半径样板尺（又称为半径规）是用来检测平行曲面线轮廓度的量规。

（1）半径样板尺结构　半径样板尺的结构如图 2-11 所示。

凸圆弧尺片　　凹圆弧尺片

7　　7

$R7\sim14.5$

尺套

图 2-11　半径样板尺结构

（2）半径样板尺的测量范围　半径样板尺的测量范围根据尺片圆弧半径分为 $R1\sim6.5$ mm、$R7\sim14.5$ mm、$R15\sim25$ mm 三种。

（3）检测方法　对于曲面线轮廓精度，可采用透光估测法估测间隙量和塞尺插入法检测间隙量。在检测时，尺片一定要垂直于被测曲面。

▶▶▶ 任务七　游标卡尺及使用方法

　　作为通用量具,游标卡尺是中等精度的量具,主要用来测量工件的外径、内径、长度、宽度、深度、孔距等尺寸。常用的游标卡尺有普通游标卡尺、表盘游标卡尺、数显游标卡尺等。

　　游标卡尺的规格有 0～125 mm、0～200 mm、0～300 mm 等多种,测量精度有 0.10 mm、0.05 mm、0.02 mm 三种,常见的是 0.02 mm。

1. 游标卡尺的结构

　　常用的普通游标卡尺主要有三用游标卡尺、双面游标卡尺、单面游标卡尺、深度游标卡尺,其结构分别如图 2-12 至图 2-15 所示。表盘游标卡尺和数显游标卡尺的结构分别如图 2-16、图 2-17 所示。

图 2-12　三用游标卡尺

图 2-13　双面游标卡尺

图 2-14　单面游标卡尺

图 2-15　深度游标卡尺

图 2-16　表盘游标卡尺

2. 游标卡尺的读数原理

游标卡尺的原理是利用主尺的刻线间距和副尺游标的刻线间距之差来进行小数读数的。通常主尺的刻线间距 a 为 1 mm,主尺刻线 $(n-1)$ 格的长度等于副尺游标刻线 n 格的长度。常用的有 $n=10$、$n=20$ 和 $n=50$ 三种。游标刻线间距 b 的计算公式为

$$b=\frac{(n-1)\times a}{n}$$

图 2-17　数显游标卡尺

因此,相应副尺游标刻线间距 b 有 0.90 mm、0.95 mm、0.98 mm 三种。主尺的刻线间距和副尺游标的刻线间距之差 i 的计算公式为

$$i=a-b$$

所以副尺游标读数值 i 有 0.10 mm、0.05 mm、0.02 mm 三种。

3. 游标卡尺的读数方法

用游标卡尺测量工件时,读数分三个步骤,如图 2-18 所示。

13 mm+0.66 mm=13.66 mm

图 2-18　游标卡尺的读数方法

(1) 先读出主尺身游标刻线的整数部分,即主尺身最靠近游标零刻线的一条刻线。

(2) 再读出副尺游标小数部分,即游标刻线与主尺身刻线重合的那一条刻线。

(3) 将读数的整数部分与读数的小数部分相加所得值为测量的读数。

4. 游标卡尺的使用

(1) 测量前用软布把量爪和被测量表面擦干净,检查游标卡尺各部件的相互作用,如尺框移动是否灵活,紧固螺钉能否起作用等。

游标卡尺的使用

(2) 使两卡爪并拢,查看游标和主尺身的零刻线是否对齐,如果没有对齐则要记入零误差。

(3) 测量工件外径(或内径)时,右手拿住尺身,大拇指推动游标,左手拿待测工件,应先将两量爪张开到略大于被测尺寸,再将固定量爪的测量面紧贴工件,轻推活动量爪至量爪接触工件表面为止,如图 2-19 所示。测量时,游标卡尺测量面的连线要垂直于被测表面,不可歪斜,否则测量值不正确。

(4) 读数时,光线明亮,目光应垂直于尺面。

图 2-19　游标卡尺的使用

>>> 任务八　游标万能角度尺

1. 游标万能角度尺的结构

游标万能角度尺也称万能量角器、角度规和游标角度尺,是一种通用的角度测量工具,它有扇形和圆形两种形式。游标万能角度尺是用来测量工件内、外角度的量具,按游标的测量精度分为 2′ 和 5′ 两种,适用于机械加工中的内、外角度测量,其测量范围为 0°～320°(外角)及 40°～130°(内角)。钳工常用测量精度为 2′ 的游标万能角度尺,其结构如图 2-20 所示。

2. 游标万能角度尺的读数方法

游标万能角度尺的读数方法与游标卡尺相似,如图 2-21 所示,主刻线每格为 1°,将主尺的 29° 等分为 30 格,得到游标刻线一格为 29°/30,即主尺与游标一格的差值为 2′。

15°+30′=15°30′

34°+36′=34°36′

图 2-20　游标万能角度尺

图 2-21　游标万能角度尺的读数方法

　　先从主尺上读出游标零刻线左边的整度数,再从副尺游标上读出与主尺刻线对齐重合的刻线的读数,将主尺上读出的度值和副尺上读出的分值相加就得到被测的角度数。

万能角度尺的使用

3. 游标万能角度尺的测量范围

　　游标万能角度尺的测量范围如图 2-22 所示,应用游标万能角度尺测量工件时,通过直角尺和直尺的组合,可测量 0°～320°(外角)内的任何角度。

（a）测量0°～50°角

（b）测量50°～140°角

图 2-22　游标万能角度尺的测量范围

（c）测量140°~230°角

（d）测量230°~320°角

续图 2-22

任务九 外径千分尺及使用方法

1. 外径千分尺的结构

外径千分尺是生产中常用的一种精密量具，测量精度比游标卡尺高，其测量精度为 0.01 mm，主要用来测量工件长、宽、厚和直径。其规格按测量范围可分为 0～25 mm、25～50 mm、50～75 mm、75～100 mm、100～125 mm 等，制造精度分为 0 级和 1 级两种，使用时按被测工件的尺寸选取。

千分尺的种类按用途可分为外径千分尺、内径千分尺、深度千分尺等几种，图 2-23 所示为 0～25 mm 外径千分尺。

2. 外径千分尺的读数方法

外径千分尺的固定套筒每一格为 0.5 mm，而微分套筒上每一格为 0.01 mm，千分尺的具体读数步骤可分为如下三步。

图 2-23　0~25 mm 外径千分尺

（1）读出固定套筒上露出刻线的毫米及半毫米数。

（2）看微分套筒上哪一刻线与固定套筒的基准线对齐或接近重合，读出小数部分。

（3）将两个读数相加，即得测得的实际尺寸。

图 2-24 所示为外径千分尺的读数方法。

图 2-24　外径千分尺的读数方法

3. 千分尺的使用方法

（1）测量前应将千分尺的测量面擦拭干净，不许粘油污等异物，并检查零位的准确性。

（2）测量时应将工件的被测表面擦拭干净，以保证测量正确。

（3）一般用双手握千分尺对工件进行测量，为了方便测量，也可用单手握尺进行测量。单手测量时，旋转微分套筒的力要适当，力的大小与检查零位时的相同；双手测量时，先转动微分套筒，当测量面即将接触工件表面时再转动棘轮，当测微螺杆的测量面接触到工件被测表面后会发出"咔咔"的响声，棘轮一般旋转 2~3 次，再停止转动棘轮，读取测量数值。

（4）测量时，测微螺杆的轴线应垂直于工件被测表面。

（5）测量平面尺寸时，一般情况下，测量工件四个角和中间一点，共测量五点；测量狭长平面时，测量两头和中间一点，共测量三点。

（6）千分尺在使用过程中，应轻拿轻放，不可与工具、刀具、工件等放在一起，用后应放入盒内。

（7）千分尺使用后应擦拭干净，并在测量砧座上涂防锈油，不要使两砧座旋紧接触，要留出 0.5~1 mm 的间隙。

（8）将千分尺定期送计量部门进行保养和精度检测。

千分尺的使用

任务十　内径千分尺

内径千分尺是利用螺旋副的运动原理进行测量和读数的一种测微量具,用于测量内径等内部尺寸。

内径千分尺的读数原理和读数方法与外径千分尺相同,只是由于用途不同,在外形和结构上有所差异。

1. 卡脚式内径千分尺

卡脚式内径千分尺如图 2-25 所示,它是用来测量中小尺寸孔径、槽宽等内尺寸的一种测微量具。其由圆弧测量面、卡脚、固定套管、微分套筒、测力装置和锁紧装置等构成,测量范围为 5～30 mm。

图 2-25　卡脚式内径千分尺

1—圆弧测量面;2—卡脚;3—固定套管;4—微分套筒;5—测力装置;6—锁紧装置

2. 接杆式内径千分尺

接杆式内径千分尺如图 2-26 所示,其用来测量 50 mm 以上的内尺寸,测量范围为 50～63 mm。为了扩大测量范围,其配有成套接长杆,如图 2-26(b)所示,连接时卸掉保护螺帽,把接长杆右端与内径千分尺左端旋合,可以连接多个接长杆,直到满足需要为止。其由测量头、保护螺帽、固定套管、微分套筒和锁紧装置等构成。

（a）尺头

（b）接长杆

图 2-26　接杆式内径千分尺

1,6—测量头;2—保护螺帽;3—固定套管;4—锁紧装置;5—微分套筒

》》》 任务十一　深度千分尺

深度千分尺如图 2-27 所示,其主要结构与外径千分尺相似,只是多了一个尺桥而没有尺架。深度千分尺主要用于测量孔和沟槽的深度及两平面间的距离。在测微螺杆的下面连接着可换测量杆,测量杆有四种尺寸,测量范围分别为 0~25 mm、25~50 mm、50~75 mm、75~100 mm。

图 2-27　深度千分尺
1—可换测量杆;2—尺桥;3—固定套管;4—微分套筒;5—测力装置

》》》 任务十二　百　分　表

1. 百分表的结构

常用的百分表有钟面式和杠杆式两种。

钟面式百分表的结构如图 2-28 所示。3 为主指针,10、11 分别为测量头和测量杆,表盘 1 上刻有 100 个等分格,其刻度值为 0.01 mm,常见的测量范围为 0~3 mm、0~5 mm 和 0~10 mm。测量时,测量头移动的距离等于小指针的读数加大指针的读数。

杠杆式百分表的结构如图 2-29 所示。

2. 百分表的使用方法

百分表适用于尺寸精度为 IT6~IT8 的零件的校正和检验。其按制造精度,可分为 0、1 和 2 级三种,0 级精度较高。百分表的安装如图 2-30 所示。

使用时,应按照零件的形状和精度要求,选用合适的百分表的精度等级和测量范围。使用百分表时,应注意以下几点。

(1) 使用之前,应检查测量杆活动的灵活性。轻轻拨动测量杆,放松后,指针应能回复到原来的刻度位置。

(2) 使用百分表时,必须把它牢固地固定在支持架上,如图 2-30 所示,支持架要安放平稳。

图 2-28 钟面式百分表的结构
1—表盘;2—表圈;3—主指针;4—转数指示盘;
5—挡帽;6,7,12,13—齿轮;8—表体;
9—轴管;10—测量头;11—测量杆

图 2-29 杠杆式百分表的结构
1—测量杆;2—拨杆;3—扇形齿轮;
4,6—小齿轮;5—端面齿轮;7—指针

图 2-30 百分表的安装

（3）用百分表测量时,测量杆必须垂直于被测量表面,否则会使测量杆触动不灵活或使测量结果不准确。

（4）用百分表测量时,测量头要轻轻接触被测表面,测量头不能突然撞在零件上;避免百分表和测量头受到震动和撞击;测量杆的行程不能超过它的测量范围;不能测量表面粗糙或表面明显凹凸不平的工件。

（5）用百分表校正或测量工件时,应当使测量杆有一定的初始测力。

百分表的使用

任务十三 内径百分表

内径百分表由百分表和专门表架组成,用于测量孔的直径和孔的形状误差,特别适用于深孔的测量。

1. 内径百分表的结构

内径百分表的结构如图 2-31 所示,主要由可换测头、表体、直管、推杆弹簧、测量杆、百分表、紧固螺母、推杆、等臂直角杠杆、活动测头、定位护桥、护桥弹簧等构成。

图 2-31 内径百分表的结构

1—可换测头;2—表体;3—直管;4—推杆弹簧;5—测量杆;6—百分表;7—紧固螺母;
8—推杆;9—等臂直角杠杆;10—活动测头;11—定位护桥;12—护桥弹簧

2. 内径百分表的工作原理

内径百分表的主体是一个三通形式的表体 2,百分表的测量杆 5 与推杆 8 始终接触,推杆弹簧 4 用于控制测量力,并经过推杆、等臂直角杠杆 9 向外顶住活动测头 10。测量时,活动测头的移动使等臂直角杠杆回转,通过推杆推动百分表的测量杆,使百分表指针回转。由于等臂直角杠杆的臂是等长的,百分表测量杆、推杆和活动测头三者的移动量相同,因此,活动测头的移动量可以在百分表上读出。

护桥弹簧 12 对活动测头起控制作用,定位护桥 11 起找正直径位置的作用,它保证了活动测头和可换测头的轴线与被测孔直径自动重合。

内径百分表的测量范围由可换测头来确定。

3. 内径百分表的使用方法

(1)组装方法 根据被测工件的基本尺寸,选择合适的百分表和可换测头,测量前应根据基本尺寸调整可换测头和活动测头之间的距离,使其等于被测工件的基本尺寸加上 0.3~0.5 mm,然后固定可换测头。接下来安装百分表,在百分表的测量杆测头接触到传动杆后,应预先压缩 0.3~1 mm 的测量行程并固定。

(2)校对方法 用内径百分表测量孔径属于相对测量法,测量前应根据被测工件的基本尺寸,使用标准样圈调整内径百分表零位。在没有标准样圈的情况下,可用外径千分尺代替标准样圈调整内径百分表零位,要注意在用千分尺校对基本尺寸时最好使用量块。

(3)测量方法 测量或校对零位时,应使活动测头先与被测工件接触。对于孔径的测量,应通过径向摆动来找最大直径数值,使定位护桥自动处于正确位置;通过轴向摆动找最小直径数值,方法是将表架杆在孔的轴线方向上做 30°以内的小幅度摆动,如图 2-32 所示,指针转折点处的读数就是轴向最小数值(一般情况下要重复几次进行核定),该最小值就是被测工件的实际量值。当测量两平行面间的距离时,应通过上下左右摆动来确定宽度尺寸的最小数值(一般情况下要重复几次进行核定),该最小值就是被测工件的实际量值。

读数时要以零位线为基准,当大指针正好指向零位刻线时,说明被测实际尺寸与基本尺寸相等;当大指针顺时针转动所得到的量值为负(一)值时,表示被测实际尺寸小于基本尺寸;当大指针逆时针转动所得到的量值为正(+)值时,表示被测实际尺寸大于基本尺寸。

图 2-32 内径百分表测量孔径方法

>>> 任务十四 正 弦 规

正弦规是测量锥度值和角度值的常用计量器具。

1. 正弦规测量原理

正弦规测量原理是利用平台测量法进行测量取值并通过三角函数中正弦关系来间接计算被测工件锥度值和角度值。利用平板、量块、正弦规、指示表和滚柱等计量器具组合进行测量的方法称为平台测量法。

2. 正弦规的结构

正弦规的结构如图 2-33 所示。

图 2-33　正弦规的结构

1,2—标准圆柱;3—正弦规;4—后挡板;5—侧挡板

L—标准圆柱中心距;B—正弦规宽度;d—标准圆柱直径;H—工作平面高度

3. 正弦规的技术参数

正弦规的技术参数如表 2-2 所示。

表 2-2　正弦规的技术参数　　　　　　　　　　　　　　　　（mm）

形式	精度等级	主　要　尺　寸			
		L	B	d	H
窄型	0 级	100	25	20	30
	1 级	200	40	30	55
宽型	0 级	100	80	20	40
	1 级	200	80	30	55

4. 正弦规测量方法

以图 2-34 所示测量圆锥塞规圆锥角为例,将正弦规放在平板上,一标准圆柱与平板接触,另外一标准圆柱下面垫一量块组,使正弦规的工作平面与平板形成一定的圆锥角 α,即

$$\sin\alpha = h/L$$

式中:α——正弦规放置的角度;

　　　h——量块组高度尺寸;

　　　L——正弦规两标准圆柱的中心距。

测量前,首先要计算量块组的高度尺寸 h,即

$$h = L\sin\alpha$$

然后将量块组放在平板上与正弦规一标准圆柱接触,此时正弦规的工作平面相对于平板倾斜 α 角。放上圆锥塞规后,用千分表分别测量被测圆锥上 a、b 两点。如果被测的圆锥角等于基本圆锥角(设计给定的),则表示 a、b 两点的示值相同,即锥角上母线平行于平板

图 2-34　用正弦规测量圆锥塞规

1—平台；2—量块组；3—指示表；4—塞规；

a—圆锥角；h—量块组高度；a、b—两测量点；l—a、b 两测量点的距离

工作面；如果被测角度有误差，则表示 a、b 两点示值必有一差值 n，n 与 a、b 两点距离 l 之比为锥度误差 Δ_c（考虑正负号），即

$$\Delta_c = n/l$$

式中：n、l 的单位均取 mm。

锥度误差乘以弧度对秒的换算系数后，即可求得锥角误差 Δ_a，即

$$\Delta_a = 2\Delta_c \times 10^5$$

式中：Δ_a 的单位为秒（″）。

》》》 任务十五　水　平　仪

水平仪又叫水平尺，是一种测量小角度的精密量具，主要用来检验零件或周母线的水平度，零件之间相对位置的平行度、垂直度等。水平仪是机械设备安装、调试和精度检验的常用量具之一。水平仪分为条形、方框式、光学合像三种，其规格有 100 mm、150 mm、200 mm、250 mm、300 mm 等几种。

1. 条式水平仪的结构

条式水平仪的结构如图 2-35 所示。其结构由主水准器、调整水准器、零位调整装置、本体、V 形工作面和平底工作面组成。条式水平仪的规格有 200 mm 和 300 mm 两种。

2. 方框式水平仪的结构

方框式水平仪由正方形框架、主水准器和调整水准器组成，如图 2-36 所示。其中水准器是一个封闭的玻璃管，管内装有酒精和乙醚，并留有一定长度的气泡。玻璃管内表面制成一定曲率半径的圆弧面，外表面刻有与曲率半径相对应的刻线。因为水准器内的液面始终保持在水平位置，气泡总是停留在玻璃管内最高处，所以当水平仪倾斜一定角度时，气泡将相对刻线移动一段距离。

图 2-35　条式水平仪的结构

1—主水准器；2—调整水准器；3—零位调整装置；
4—本体；5—V 形工作面；6—平底工作面

图 2-36　方框式水平仪

1—正方形框架；2—主水准器；3—调整水准器

3. 水平仪的读数方法

（1）直接读数法　水准器气泡在中间位置时读作零。以零刻线为基准，气泡向任意一端偏离零线的格数，就是实际偏差的格数。通常把偏离起端向上的格数作为正值，而把偏离起端向下的格数作为负值。图 2-37 所示为＋2 格。

（2）平均值读数法　当水准器的气泡静止时，读出气泡两端各自偏离零线的格数。然后将两格数相加除以 2，所得到的平均值即为读数。如图 2-38 所示，气泡右端偏离零线＋4 格，气泡左端偏离零线＋3 格，其平均值为[（＋4）＋（＋3）]/2＝3.5 格，平均值读数为＋3.5 格，右端比左端高3.5 格。平均值读数法不受环境温度的影响，读数值准确，精度高。

图 2-37　直接读数法

图 2-38　平均值读数法

4. 水平仪的注意事项

（1）零值的调整方法如下：将水平仪的工作底面与检验平台或被测表面接触，读取第一次读数，在原处旋转水平仪 180°，读取第二次读数，两次读数的代数差的 1/2 为水平仪零值误差。

（2）普通水平仪的气泡在中间位置，表明零值正确。

（3）测量过程中，应等气泡稳定后再读数。

（4）读数时，使用平均值读数法，它不受环境温度的影响，读数值准确。

5. 水平仪的测量方法

用方框式水平仪测量垂直度时，如果有水平基面，则应将水平仪基面调到水平位置，或测得基面水平误差,然后将方框式水平仪的侧工作面紧贴在被测面上,并使横向水准器处于水平位置,再从主水平器上读出被测面相对于基面的垂直度误差。

6. 合像水平仪的结构

合像水平仪的结构如图 2-39 所示,它由 V 形工作面、平底工作面、标尺、杠杆、弹簧、水准器、目镜、调节旋钮、微分刻度盘、指针和标尺观察窗组成。

图 2-39　合像水平仪的结构

1—V 形工作面;2—平底工作面;3—标尺;4—杠杆;5,8—弹簧;6—水准器;
7—目镜;9—调节旋钮;10—微分刻度盘;11—标尺观察窗;12—指针

7. 合像水平仪的工作原理

合像水平仪是一种精度较高的量仪,该水平仪内装有一个玻璃水准管,安置在杠杆架上的底板内,它的水平位置可以用调节旋钮通过丝杠螺母和杠杆进行调整,其调整值可从调整旋钮的微分刻度盘上读取,每格示值为 0.01 mm/1000 mm。玻璃水准管内气泡两端的圆弧分别用三个不同位置方向上的棱镜反射至目镜镜框内,分成两半合像。当水平仪在水平位置时,标尺观察窗内气泡 1 就与气泡 2 重合;不在水平位置时,气泡 1 就与气泡 2 不重合,如图 2-40 所示。当两半气泡重合时,再由侧面的标尺观察窗的放大镜读取粗分读数,标尺观察窗中标尺的每格示值为 0.5 mm/1000 mm。由于合像水平仪的水准管位置可以调整,而且采用光学放大,可以

(a) 重合　　(b) 不重合

图 2-40　合像水平仪气泡图

通过双像重合来提高对准精度,因此其测量范围比方框式水平仪大。

测量时,将合像水平仪放在工件的被测表面上,转动调节旋钮调整水准管的水平位置,从标尺观察窗观察,直到两半气泡重合时再读数。读数时,先从标尺观察窗中读出粗分读数,再从微分刻度盘上读取细分读数。

任务十六　经　纬　仪

经纬仪是一种精密光学测角量仪,具有竖轴和横轴,可使瞄准镜管在水平方向做360°的转动,也可在垂直面内做大角度的俯仰。其水平面和垂直面的转角大小可分别由水平度盘和垂直度盘显示,测角精度一般为2″。经纬仪和平行光管配合,组成一个测量光学基准系统。

1. 经纬仪的结构

图2-41所示为国产J2型经纬仪结构。

图2-41　J2型经纬仪

1—望远镜;2—垂直度盘照明反光镜;3—水平度盘照明反光镜;4—三角基座调平手轮(脚螺旋);5—圆水准器;
6—照准部微动手轮;7—望远镜微动手轮;8—望远镜制动手轮;9—测微手轮;10—读数显微镜目镜;
11—换像手轮;12—长水准器;13—换盘手轮;14—基座制动手轮;15—护盖;
16—照准部制动手轮;17—望远镜目镜;18—望远镜调焦手轮;19—光学瞄准器

2. 经纬仪的使用方法

(1)找平　转动仪器照准部,使长水准器与任意两个脚螺旋的连线平行,以相反的方向等量转动该两脚螺旋,使气泡居中。再将仪器转90°,转动第三个脚螺旋,同样使气泡居中,需反复调整至转动仪器在任何位置时,长水准器上气泡的最大偏离值都不大于1/2格。

(2)调整望远镜管至水平　按逆时针方向转动换像手轮到转不动为止,使读数显微镜目镜中显示垂直度盘影像,旋转测微手轮,将经纬仪读数微分尺调至零分零秒,旋转望远镜微动手轮,使度盘中90°与270°刻线对准。用望远镜制动手轮锁定望远镜筒。

(3)测量　将望远镜瞄准目标,调整望远镜调焦手轮,注意消除视差,精瞄目标。如果目标是平行光管,则使平行光管的十字线与望远镜分划板上的十字线对准。

(4)读数　经纬仪测量的示值由望远镜旁边的读数显微镜得出。当经纬仪找正目标和准确瞄准后,将换像手轮按顺时针方向转到底,打开并调整水平度盘照明反光镜,使读数窗亮度适中。调节读数显微镜目镜,使度盘影像清晰。拨开换盘手轮护盖,转动换盘手轮,在读数窗内看到所需的读数后,关好换盘手轮护盖,按顺时针方向转动测微手轮,可看到读数显微镜内度盘上、下两部分影像相对移动,继续转动直到上、下刻线精确符合为止。读数显微镜目镜中所见到的度盘影像如图2-42所示。其读数方法如下:整度数由大窗中部或偏左的正写数目读得;再数度盘对整度数之间的格数,数得的格数乘以10即得整分数,余下的零数从左边的小窗内读到。测微尺上下共有600格,每小格为$1''$,共计$10'$,左边数目字单位为分,右边的数目字乘$10''$,再加上指标线的格数即为秒数。度盘上读得读数加上测微尺上读得的读数之和即为全部的读数。图2-42所示的读数为$174°11'56''$。

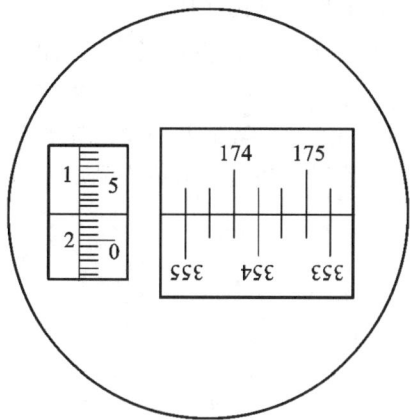

图2-42 度盘读数

》》》 任务十七 量具的维护和保养

正确使用精密量具是保证产品质量的重要条件之一。要保持量具的精度和工作的可靠性,除了要按照合理的使用方法进行操作以外,还必须做好量具的维护和保养工作。

(1)在机床上测量零件时,要等零件完全停稳后再进行;否则,不但会使量具的测量面过早磨损而失去精度,还会造成事故。尤其是车工在使用外卡钳时,要注意铸件内常有气孔和缩孔,一旦钳脚落入气孔内,可能把操作者的手也拉进去,造成严重事故。

(2)测量前应把量具的测量面和零件的被测量面都揩干净,以免有脏物而影响测量精度。用精密量具如游标卡尺、百分尺和百分表等测量锻铸件毛坯或带有研磨剂(如金刚砂等)的表面是错误的,这样易使测量面很快磨损而失去精度。

(3)量具在使用过程中,不要和工具刀具如锉刀、榔头、车刀和钻头等堆放在一起,以免碰伤量具,也不要随便放在机床上,避免因机床振动而使量具掉下来。尤其是游标卡尺等,应平放在专用盒子里,避免尺身变形。

(4)量具是测量工具,绝对不能作为其他工具的代用品。例如拿游标卡尺划线,拿百分尺当小榔头,拿钢直尺当螺丝刀旋螺钉,以及用钢直尺清理切屑等都是错误的。把量具当玩具,如把百分尺等拿在手中任意挥动或摇转等也是错误的,都易使量具失去精度。

(5)温度对测量结果影响很大,零件的精密测量一定要使零件和量具都在20 ℃的情况下进行。一般可在室温下测量,但必须使工件与量具的温度一致;否则,由于金属材料热胀冷缩的特性,测量结果会不准确。

温度对量具精度的影响亦很大,量具不应放在阳光下或床头箱上,否则量具温度升高后会因热变形而失去精度。更不要把精密量具放在热源(如电炉热交换器等)附近,以免使量具受热变形而失去精度。

(6) 不要把精密量具放在磁场附近,例如磨床的磁性工作台上,以免使量具感磁。

(7) 当发现精密量具有不正常的现象时,如量具表面不平、有毛刺、有锈斑,以及刻度不准、尺身弯曲变形、活动不灵活等,使用者不应当自行拆修,更不允许自行用榔头敲、锉刀锉、砂布打磨等粗糙办法修理,以免增大量具误差。发现上述情况时,使用者应当主动送计量站检修,并经检定量具精度后再继续使用。

(8) 量具使用后,应及时揩干净,除不锈钢量具或有保护镀层者外,金属表面应涂上一层防锈油,放在专用的盒子里,保存在干燥的地方,以免生锈。

(9) 精密量具应进行定期检定和保养,长期使用的精密量具,要定期送计量站进行保养和检定精度,以免因量具的示值误差超差而造成产品质量事故。

钳 工 划 线

根据图纸要求,在毛坯或半成品上用划线工具划出加工界线,或找正检查辅助线,这种操作称为划线。划线操作不仅能使加工时有明显的界线,还可以检查工件毛坯的外形尺寸以及加工余量是否合格,以避免因采用不合格毛坯而浪费工时。当毛坯误差不大时,可通过划线借料补偿,从而提高毛坯的合格率。

》》》 任务一 划 线 概 述

1. 划线的作用

划线的作用主要有如下几点。

(1) 确定加工界线、加工余量和孔的位置等。

(2) 检查毛坯是否合格,避免后期加工造成损失。对一些局部存在一些缺陷的毛坯件,可以利用划线校正加工余量来补救,以提高毛坯件的合格率。

(3) 合理分配各表面的加工余量,使切削加工有明确的尺寸界线标志。

2. 划线的基本要求

划线是加工的依据,对划线的要求是线条清晰均匀,定形、定位尺寸准确。考虑到线条宽度等因素,一般要求划线精度控制在 0.2~0.3 mm。划线前一定要认真看图,以免因看错图纸或尺寸而造成损失,工件的最终尺寸不能完全由划线确定,而应在加工过程中,通过测量来保证尺寸的准确性。

3. 划线的种类

划线分为平面划线和立体划线两种。

(1) 平面划线 它是指在工件的一个平面上(即工件的二维坐标体系内)进行划线,如图 3-1 所示。

(2) 立体划线 它是指同时在工件几个不同表面上(即工件的三维坐标体系内)进行划线,如图 3-2 所示。

图 3-1 平面划线

图 3-2 立体划线

4. 线条的种类

根据所划线条在加工中的作用和性质,线条可分为基准线、加工线、辅助线等几种。

>>> 任务二　常用划线工具和使用方法

划线工具按用途的不同分为基准工具、量具、绘划工具和辅助工具四种。

1. 划线平板

划线平板是划线的基本工具,一般由铸铁制成,工作表面是经精刨或刮削而成的平面度较高的平面。划线平板用来安放工件和划线工具,在其工作面上完成划线过程,以保证划线的精度。如图 3-3 所示,划线平板一般用木架或钢架支撑,高度一般在 1 m 左右,工作面应保持在水平位置。

图 3-3　划线平板

划线平板的正确使用和保养方法如下。

(1) 安装时,必须使工作面保持在水平位置。

(2) 在使用过程中要保持工作面清洁,以防铁屑、灰砂粒等在划线工具或工件移动时划伤平板表面。

(3) 划线时工件和工具在平板上要轻拿轻放,防止平板受撞击,更不允许在平板上进行任何敲击工作。

划线方法

(4) 平板工作面各处要均匀使用,避免局部受磨损,影响平板的平整性。

(5) 平板使用后应擦净,涂防锈油。

(6) 按有关规定定期检查,并及时调整、研修,以保证工作面的水平状态和平面度。

2. 划针

划针是划线时用来直接在工件上划出线条的工具。其一般要与钢直尺、90°角尺或样板等导向工具配合在已加工面内划线,如图 3-4 所示,它一般由直径为 3~6 mm 的弹簧钢丝或高速钢制成,尖端磨成 10°~20° 的角,并淬硬。为使针尖更锐利和提高耐磨性,同时保证划出的线条宽度为 0.1 mm 左右,在铸件、锻件等加工表面划线时,可用尖端焊有硬质合金的划针,以使划针长期保持锋利。

划针的使用方法和注意事项如下。

（1）用划针划线时，一手压紧导向工具，防止其滑动，另一手使划针尖端紧贴导向工具的边缘，并使划针上部向外倾斜 15°~20° 角，同时向划线移动方向倾斜 45°~75° 角，如图 3-5 所示，这样既能保证针尖紧贴导向工具的基准边，又方便操作者用眼观察。

图 3-4　划针

图 3-5　划针的使用

水平线应自左向右划，竖直线应自上向下划，倾斜线的走向是自左下方向右上方，或自左上方向右下方。在用钢尺和划针划连接两点的直线时，应先用划针和钢尺定好后一点的划线位置，然后调整钢直尺使其与前一点的划线位置对准，再划出两点的连接直线。

（2）不要重复划线。划线时用力要均匀适当。用划针划线时应一次划成，使划出的线条均匀、清晰和准确。不要重复划线，否则线条变粗，划线模糊不清。

划线工具

（3）针尖要保持尖锐，由钢丝制成的划针用钝后重磨时，要经常浸入水中冷却，以防退火变软。不用时，划针不能插入衣袋中，最好套上塑料管不使针尖外露。

3. 划规

划规是划线中主要用来划圆和圆弧，等分线段、角度及量取尺寸的工具。钳工常用的划规有普通划规、扇形划规、弹簧划规等，如图 3-6 所示。划规的脚尖必须坚硬，这样才能在金属表面划出清晰的线条。划规一般用中碳钢或工具钢制成，两脚尖端淬硬并刃磨，有的划规在两脚尖上加焊硬质合金，从而更加锋利和耐磨。

（a）普通划规　　（b）扇形划规　　（c）弹簧划规

图 3-6　划规

（1）普通划规　结构简单，制造方便，应用广泛。两脚长短要一致，铆接处松紧要适当，若铆接不紧，则不便于调整。

图 3-7　定心规结构

（2）扇形划规　有锁紧装置，拧紧锁紧螺钉，可保持已调节好的尺寸不会改变，两脚间的尺寸较稳定，结构也较简单。

（3）弹簧划规　使用时，旋动调节螺母可以方便地调整尺寸，该划规结构刚度较小，只限于在光滑或半成品表面上划线。

（4）定心规　定心规是用来确定孔、轴类工件中心线的直接划线工具，其结构如图 3-7 所示。定心规与直角尺或 V 形铁、方箱配合可划出工件的十字中心线。定心规划线操作如图 3-8 所示。

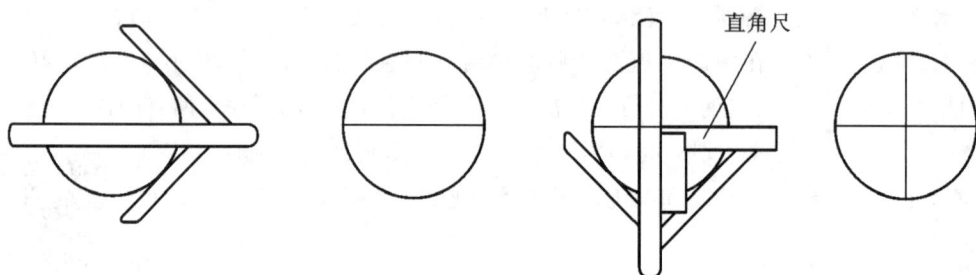

图 3-8　定心规划线操作

（5）弯脚划规　弯脚划规的结构如图 3-9 所示。其操作方法是先通过钢直尺测量出所划圆的半径尺寸，再用弯脚划规尖在工件的圆柱面上定位，然后用直脚划规尖在工件的端面从相互垂直的四个方向划出一小段圆弧，四小段圆弧如同"井"字形状，"井"字要尽量小一点，最后目测确定"井"字的中心并用样冲打出冲眼，如图 3-10 所示。

图 3-9　弯脚划规结构

图 3-10　弯脚划规划线操作

4. 划线盘

划线盘是用于立体划线和找正工件位置的常用工具。如图 3-11 所示，它由底座、立柱、划针和夹紧螺母等组成。

夹紧螺母可将划针固定在立柱的任何位置，划线的直头端用于划线，弯头端用于找正工件位置。

划线盘使用时应注意以下几点。

（1）使用时，使划针基本处于水平位置，为了增加划线时划针的刚度，划线伸出端应尽量短，以防止其抖动。划针的夹紧要可靠。

（2）划针移动时，其移动方向与划线表面之间的夹角为 30°～60°，以使划针顺利运行。

（3）用手拖动划线盘底座划线时，应使底座始终贴紧平板移动。

图 3-11　划线盘

（4）划线盘暂不使用时，划针直头端应垂直向下，以防伤人和减小所占的空间。

5. 划线尺架

划线尺架是用来夹持钢直尺的划线辅助工具。

（1）划线尺架的结构　划线尺架的结构如图 3-12 所示。

（2）划线尺架的用法　划线尺架是与划线盘配合使用的，用划线盘划线时，要在划线尺架上量出所需要的高度尺寸，如图 3-13 所示。

（3）划线尺架的使用要点　首先要检查钢直尺的底部端面，其一定要与平台工作面接触，然后拧紧锁紧螺钉以固定钢直尺。

图 3-12　划线尺架

图 3-13　划线尺架的用法

6. 球座划线盘

球座划线盘的特点是底座为球体，能够在有孔工件上自动定心，从而进行划线操作。其结构如图 3-14 所示，球座划线盘划线操作如图 3-15 所示。

图 3-14　球座划线盘结构

图 3-15　球座划线盘划线操作

7. 游标高度尺

游标高度尺是精确的量具及划线工具,精度有 0.02 mm、0.05 mm 和 0.1 mm 三种,如图 3-16 所示。它既可用来测量高度,其刀尖也可用于划线。其读数原理与游标卡尺一样。

图 3-16　游标高度尺

游标高度尺操作要点如下。

(1) 使用游标高度尺进行划线时,尺底座下表面应擦拭干净,先检查刀尖是否贴紧平板,主尺和副尺游标零位是否对准。

(2) 使用游标高度尺进行划线时,尺底座应紧贴划线平板移动,防止尺底座晃动。

（3）使用游标高度尺进行划线时,刀尖应与工件被划表面成45°左右夹角,并在工件表面轻轻划过,不可用力过大,以免损坏刀尖,影响划线精度。

（4）刀尖损坏后,应及时修整刃磨。

8. 钢直尺

钢直尺是用不锈钢制成的一种直尺,如图3-17所示。钢直尺是钳工常用的简单测量工具和划直线的导向工具,在尺面上刻有米制或英制的刻线,最小刻线间距为0.5 mm,一般为1 mm。由于刻线本身的宽度就有0.1～0.2 mm,再加上尺本身的刻度误差,因此用钢直尺测出的数值误差比较大,而且1 mm以下的小数值只能靠估计得出,不能用于精确测定。其规格（即测量范围）有150 mm、300 mm、500 mm、1000 mm四种。钢直尺可用来测量工件的长度、宽度、高度和深度,有时还可用来对一些要求较低的工件表面进行平面度误差的检查。

图 3-17　钢直尺

9. 宽座角尺

宽座角尺是钳工常用的测量工具,如图3-18所示。它是划线时划垂直线及平行线的导向工具,同时可用来校正工件在划线平板上的垂直位置,并可检查两垂直面的垂直度或单个平面的平面度。

10. 样冲

样冲是用于在划好线的线上冲眼的工具,如图3-19所示。工件划线后,在搬运、安装等过程中线条可能会被磨损,为了保持划线标记,通常要用样冲冲眼,以加强界线标志,如图3-20所示,在已划好的线上打上小而均布的样冲眼。在使用划规划圆弧或钻孔前,也要先用样冲在

图 3-18　宽座角尺

圆心上冲眼,作为划规定心脚的立脚点或钻孔中心样冲点。样冲的尖端和锤击端经淬火硬化,硬度可达55～60 HRC,尖端一般磨成45°～60°,用于加强界线标记时,样冲的尖端可磨锐些,一般为40°左右,而钻孔用于定心时,样冲可磨得钝一些,一般为60°左右。

图 3-19　样冲

图 3-20　样冲使用方法

打样冲时的注意事项如下。

（1）打样冲眼时，将样冲外倾使尖端对准线的正中，锤击前再立直，以保证样冲眼的位置准确。

（2）样冲眼应打在线宽的正中间，且间距要均匀。线短点少，线长点多，交叉转折处必冲眼，曲线上冲眼间距应小一些，在线的交界处间距也应小些。在用划规划圆弧的地方，要在圆心上冲眼，作为划规脚尖的立脚点，以防划规滑动。

（3）样冲眼的深度要适当。薄工件冲眼要浅，以防变形；钻孔的中心眼要冲深些，以便钻孔时钻头对准中心。

11. 三角板和曲线板

三角板常用 2～3 mm 的钢板制成，如图 3-21 所示，表面没有尺寸刻度，但有精确的两条直角边及 30°、45°、60°斜面，通过适当组合，可用于划各种特殊的角度线。

曲线板用薄钢板制成，表面平整光洁，常用来划各种光滑的曲线，如图 3-22 所示。

图 3-21　三角板

图 3-22　曲线板

12. V 形铁

V 形铁是主要用来安放圆形工件的工具，如图 3-23 所示。轴类、套筒类、圆形工件安置在 V 形槽内，使圆柱的轴线平行于平台工作面。V 形铁常用铸铁或碳钢制成，其外形为长方体，工作面为 V 形槽，两侧面互成 90°或 120°夹角。支承较长工件时，应使用成对的 V 形铁。成对的 V 形铁必须成对加工，使尺寸相同，以免因两者的高度尺寸不同而引起误差。

V 形铁的用法

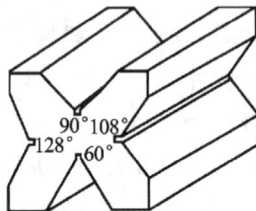

图 3-23　V 形铁

13. 千斤顶

图 3-24　千斤顶

千斤顶是用来支承毛坯或不规则工件以便进行立体划线的工具，它可较方便地调整工件各处的高度，以便安装不同形状的工件，如图 3-24 所示。常用的螺旋千斤顶由螺杆、螺母、底座、锁紧螺母、六角螺钉等组成。螺杆可以上下升降，旋转螺母用于调节千斤顶螺杆高度，锁紧螺母用于固定螺杆的位置，防止已调整好的高度发生变动。千斤顶的顶端一般做成锥形，使支承可靠且灵活。当支承柱形工件或较重工件时,可选用顶部带 V 形铁的千斤顶。

千斤顶使用要求如下。

(1)千斤顶底部要擦净,工件要平稳放置。调节螺杆高度时,要防止千斤顶移动,以防工件滑倒。

(2)一般工件用三个千斤顶支承,且三个支承点要尽量远离工件重心,由三个支承点组成的三角形面积应尽量大。

(3)工件较重部分用两个千斤顶支承,另一个千斤顶支承在较轻部位。

(4)工件的支承点尽量不要选择在容易发生滑移的地方。

(5)为防止工件滑移造成事故,可采用在工件下面加垫块等安全措施。

14. 方箱

方箱是由灰铸铁制成的空心长方体或立方体,其相对平面互相平行,相邻平面互相垂直,如图 3-25 所示。划线时,可用 C 形夹头将工件夹于方箱上,翻转方箱就可一次划出全部互相垂直的线。为便于夹持不同形状的工件,可采用附有夹持装置和 V 形槽的特殊方箱,方箱上的 V 形槽平行于相应的平面,用于装夹圆柱形工件。

15. 直角铁与斜垫铁

直角铁一般都用铸铁制成,如图 3-26 所示。它有两个互相垂直的平面。直角铁上的孔或槽用于搭压板时穿入螺栓。

斜垫铁用来支承和垫高毛坯工件,能对工件的高度进行微调,如图 3-27 所示。

图 3-25 方箱

图 3-26 直角铁

16. G 形夹头

G 形夹头是划线操作中用于夹持、固定工件的辅助工具。G 形夹头的结构如图 3-28 所示。

图 3-27 斜垫铁

夹紧螺杆

弓架

图 3-28 G 形夹头

17. 万能分度头

万能分度头是一种较为准确的等分角度的工具,是铣床上等分圆周用的附件,钳工也常用它对工件进行分度和划线。它的规格是指分度头的中心线到底座的距离。例如:FW125 型,表示万能分度头主轴中心线到底座的距离为 125 mm。图 3-29 所示为 FW125 型分度头的外形,图 3-30 所示为分度头的传动原理。

图 3-29　FW125 型万能分度头
1—顶尖;2—主轴;3—刻度盘;4—游标;5—壳体;6—插销;7—手柄;
8—分度叉;9—分度盘;10—锁紧螺钉;11—底座

图 3-30　万能分度头的传动原理
1—卡盘;2—蜗轮;3—蜗杆;4—齿轮轴;5—连接体;
6—分度盘;7—分度手柄轴;8—分度手柄;9—插销

在分度头的主轴上装有三爪卡盘,把分度头放在划线平板上,配合使用划线盘或高度游标卡尺,便可进行分度划线;还可在工件上划出水平线、垂直线、倾斜线、等分线和不等分线。

1) FW125 型万能分度头的结构

FW125 型万能分度头主要由主轴、底座、壳体、分度盘和分度叉等组成。分度头主轴安装在壳体内,主轴前端可以装入顶尖或安装三爪自定心卡盘以装夹划线工件。壳体以两轴颈支承在底座上,并可绕底座轴线回转,使主轴角度在水平线以下 6°至水平线以上 95°范围内调整。主轴倾斜的角度可以从壳体侧壁上的刻度看出。若需要分度,拔出插销并转动手柄,就可带动主轴回转到所需的分度位置。手柄的转数由插销所对应分度盘上孔圈的小孔数目来确定。这些小孔在分度盘端面上,以不同孔数均匀地分布在各同心圆上。FW125 型万能分度头备有三块分度盘,供分度时选用,每块分度盘有 8 圈孔,孔数分别如表 3-1 所示。

表 3-1　FW125 型万能分度盘孔圈的孔数

分度盘	分度盘孔圈的孔数
第一块	16,24,30,36,41,47,57,59
第二块	23,25,28,33,39,43,51,61
第三块	22,27,29,31,37,49,53,63

插销可在手柄的长槽中沿分度盘半径方向调整位置,以便插入不同孔数的孔圈内。

2)简单分度法

分度的方法有直接分度、简单分度、差动分度等多种。钳工在划线中,主要采用简单分度法。分度前,先用锁紧螺钉将分度盘固定使之不能转动,再调整插销使它对准所选分度盘的孔圈。分度时先拔出插销,转动手柄,带动分度头主轴转至所需分度位置,然后将插销重新插入分度盘上相应的孔中。分度时分度盘不动,转动手柄,经蜗轮蜗杆传动进行分度。

分度盘上有几圈不同数目的等分小孔,根据工件等分数的不同,选择合适的等分数目的小孔,将手柄转过相应的转数和孔数,使工件转过相应的角度,实现对工件的分度与划线。

简单分度的原理是:当手柄转过一周时,分度头主轴便转过 1/40 周。若工件在圆周上的等分数目已知,则工件每转过一个等分,分度头主轴转过 $1/z$ 圈,分度手柄应转过的圈数为

$$n = \frac{40}{z}$$

式中:n——分度手柄转数,r;

　　40——分度头的定数;

　　z——工件等分数目(齿数或边数)。

上式为简单分度的计算公式。当计算得到的转数不是整数而是分数时,可利用分度盘上相应孔圈进行分度。具体方法是:选择分度盘上某孔圈,其孔数为分母的整数倍,然后将该真分数的分子、分母同时增大整数倍,利用分度叉实现非整转数部分的分度。

例 3-1　要在工件的某圆周上划出均匀分布的 8 个孔,试求每划完一个孔的位置后,手柄转过的圈数。

解　根据公式

$$n = \frac{40}{z} = \frac{40}{8} = 5$$

可知划完一个孔的位置后,手柄应转 5 圈再划第二条线。

例 3-2 要在一圆盘端面上划出六边形,试求每划一条线后,手柄应转几周再划第二条线?

解 有

$$n = \frac{40}{z} = \frac{40}{6} = 6\frac{2}{3}$$

但分度盘上并没有一周孔数为 3 的孔,这时需要将分子、分母同时扩大相同倍数,即把分母扩大分度盘上合适孔数的倍数值。如选用第一块分度盘,则可使分母扩大为 24,于是 $n = 6\frac{2}{3} = 6\frac{16}{24}$,即在 24 孔的孔圈上转过 16 个孔距数。当然,也可扩大为 $n = 6\frac{2}{3} = 6\frac{42}{63}$,还可扩大为其余多种倍数。究竟选用哪一种较好?一般来说,在满足孔数是分母的整数倍的条件下,选择孔数较多的孔圈。因为一方面在分度盘上孔数多的孔圈离轴心较远,操作方便;另一方面分度误差较小,准确度高。$n = 6\frac{2}{3} = 6\frac{16}{24} = 6\frac{20}{30} = 6\frac{24}{36} = 6\frac{38}{57}$,在第一块分度盘中可选择的孔数是 24 孔、30 孔、36 孔、57 孔共 4 种,因此选择孔数为 36 孔或 57 孔的孔圈。

3) 分度叉的调整方法

分度叉是分度盘上的附件,其作用是使分度准确而迅速。分度叉的形状如图 3-31 所示,由两个叉脚组成。

图 3-31 分度叉
1,2—叉脚;3—螺钉

两叉脚间的夹角可根据孔距数来调整,在调整时,夹脚间的孔数应比需转过的孔距数多一个,因为第一个孔是当作零来计算的,要到第二个孔才能算出一个孔距数,例如 $\frac{2}{3} = \frac{24}{36} = \frac{38}{57}$,选择孔数为 36 孔的孔圈时,叉脚间应有 $24+1=25$ 个孔;选择孔数为 57 的孔圈时,则应有 39 个孔(39 个孔只包含 38 个孔距)。在图 3-31 中,要在 24 孔的孔圈上转 8 个孔距数,调整方法是先使定位销插入紧靠叉脚 1 一侧的孔中,松开螺钉 3,将叉脚 2 调节到第 9 个孔,待定位销插入后,叉脚 2 的一侧也能紧靠定位销时,再拧紧螺钉把两叉脚之间的角度固定下来。当划好一条线后要把分度叉调整到下一个分度位置时,在第二次摇分度手柄前拔出叉脚 2 定位销,并使定位销落入紧靠叉脚 2 一侧的孔内,然后将叉脚 1 的一侧拨到紧靠定位销的位置,叉脚 2 也同时转到了后面的 8 个孔距数的位置上,并保持原来的夹角不变。

18. 划线涂料

为了使工件上划出的线条清晰,划线前需要在划线部位涂上一层涂料。常用的涂料如下。

(1)白喷漆、石灰水、锌钡白 适用于一般的铸件和锻件的划线。

(2)无水涂料、甲基紫 适用于已加工表面的划线。

(3)墨汁 用于铸铝工件表面的划线。

任务三 划线基准

1. 基准的概念

划线时用来确定零件上其他点、线、面位置的依据,称为划线基准。

合理选择划线基准是做好划线工作的关键。有了合理的划线基准,才能使划线准确、方便和高效。划线应从基准开始。

2. 划线基准的选择原则

在零件图上,用来确定其他点、线、面位置的基准称为设计基准。在工件上划线时所选用的基准称为划线基准。基准的确定要综合考虑工件的整个加工过程及各工序间所使用的检测手段。划线为加工中的第一道工序,在选用划线基准时,应尽可能使划线基准与设计基准保持一致,这样,可避免相应的尺寸换算,减小加工过程中的基准不重合误差。

1)划线基准的选择

(1)以两个互相垂直的平面或直线为基准。如图 3-32 所示,该零件有两个方向互相垂直的尺寸。可以看出,每一方向的尺寸大多是依据它们的外缘线确定的,因此,可把这两条边线分别确定为这两个方向的划线基准。

图 3-32 划线基准选择 I

(2)以一个平面或直线和一条中心线为基准。如图 3-33 所示,该零件高度方向的尺寸是以底面为依据确定的,这样底面就可作为高度方向的划线基准;宽度方向的尺寸对称于中心线,故中心线可作为宽度方向的划线基准。

(3)以两个互相垂直的中心线为基准。如图 3-34 所示,该零件两个方向的许多尺寸分别关于中心线对称,其他尺寸也从中心线开始标注。此时,就可把这两条中心线分别确定为这两个方向的划线基准。

平面划线时,通常要选择两个划线基准,而立体划线时,通常要选择三个划线基准。

图 3-33　划线基准选择 Ⅱ

图 3-34　划线基准选择 Ⅲ

2）划线基准的选择原则

（1）划线基准尽量与设计基准重合。

（2）形状对称的工件，应以对称中心线为基准。

（3）有孔或凸台的工件，应以主要的孔或凸台中心线为基准。

（4）在未加工的毛坯上划线，应以主要不加工面为基准。

（5）在加工过的工件上划线，应以加工过的表面为基准。

3. 划线前的准备工作

划线前的准备工作有以下几点。

（1）看图纸与工艺文件，明确划线任务。

（2）检查工件的形状和尺寸是否符合图样要求。

（3）选择划线工具。

（4）对划线部位进行去刺、清洁和涂色等。

4. 划线的步骤

划线的步骤有以下几点。

（1）看图纸，明确图纸尺寸，详细了解需要划线的部位，明确工件及划线的有关部位的作用和要求，以及有关的加工工艺。

（2）检查、清理工件和毛坯件。

（3）涂色。

（4）确定划线基准，遵循从基准开始的原则，使得设计基准和划线基准重合。

（5）正确安放工件和选用划线工具。

（6）进行划线。

（7）详细检查划线是否准确及线条是否有遗漏。

（8）在线条上打样冲眼。

》》》 任务四　常用基本划线方法

钳工划线必须掌握以下几种基本方法。

1. 作垂直线

如图 3-35 所示,已知线段 AB,在线上取一点 O,用划规以点 O 为中心截取等距离的两点 D 和 E。再以点 D 和点 E 为圆心,用略大于线段 OD 的距离为半径画弧,两弧相交于点 F,连接点 O 和点 F,即得垂直于线段 AB 的直线。

2. 作平行线

如图 3-36 所示,已知线段 AB,在线上取两点 a 和 b,以其为圆心、以相同距离为半径作出两圆弧,与两圆弧相切的直线即平行于线段 AB。

图 3-35 作垂直线

图 3-36 作平行线

3. 作五等分直线

如图 3-37 所示,已知线段 AB,作线段 AC,其与已知线段 AB 成 $20°\sim40°$ 夹角。由 A 点起在线段 AC 上任意截取五等分点 a、b、c、d、e。连接点 B 和点 e。过 a、b、c、d 四点分别作线段 Be 的平行线,各平行线在线段 AB 上的交点 a'、b'、c'、d' 即为五等分点。

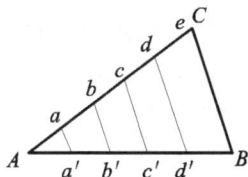

图 3-37 作五等分直线

4. 作已知弧的圆心

如图 3-38 所示,在已知圆弧 $\overset{\frown}{AB}$ 上取点 N_1、N_2、M_1、M_2,并分别作线段 N_1N_2 和 M_1M_2 的垂直平分线。两垂直平分线的交点 O,即为圆弧 $\overset{\frown}{AB}$ 的圆心。

5. 作圆周五等分

如图 3-39 所示,过圆心 O,作直线 $CD \perp AB$。取线段 OA 的中点 E。以点 E 为圆心、EC 为半径作圆弧交直线 AB 于点 F,CF 即为圆周五等分的长度。

图 3-38 作已知弧的圆心

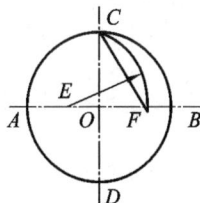

图 3-39 作圆周五等分

任务五　划线的找正与借料

1. 找正

找正就是利用划线工具,如划线盘、角尺、单脚规等,使工件上有关的表面处于合适的位置。如图 3-40 所示的轴承座,底板的厚度不均匀,且其底板上表面 A 为不加工面,以该面为依据,划出下底面加工线,从而使底板上下两面基本保持平行。

图 3-40　毛坯划线时的找正

找正的要求和方法如下。

(1) 当毛坯上有不加工表面时,应按不加工面找正后再划线,使待加工表面与不加工表面各处的尺寸均匀。

(2) 当毛坯上有两个以上不加工表面时,应选重要的或较大的不加工表面作为找正的依据,使误差集中到次要的或不显眼的部位。

(3) 当毛坯上没有不加工表面时,将各个加工表面位置找正后再划线,可以使加工表面的加工余量均匀分布,也可以将待加工的孔毛坯和凸台外形作为找正依据。

2. 借料

借料就是通过试划和调整,使各个待加工表面的加工余量合理分配、互相借用,从而保证各加工表面都有足够的加工余量,而误差和缺陷可在加工后消除。

当铸锻毛坯在形状、尺寸和位置上的误差和缺陷用找正后的划线方法不能消除时,就要用借料的方法来消除。要做好借料划线,首先要知道待划线毛坯误差程度,确定需要借料的方向和大小,这样才能提高划线效率。

图 3-41 所示为一锻造毛坯,其内外圆偏心较大,若按外圆找正划内孔加工线,则内孔有个别部分的加工余量不够,如图 3-41(a)所示;若按内圆找正划外圆加工线,则外圆个别部分的加工余量不够,如图 3-41(b)所示。只有在内孔和外圆都兼顾的情况下,适当地将圆心选在内孔和外圆圆心之间的一个适当的位置上再划线,才能使内孔和外圆都有足够的加工余量,如图 3-41(c)所示。

(a) 以外圆找正　　　　(b) 以内圆找正　　　　(c) 以内外圆找正

图 3-41　圆环借料划线

>>> 任务六　立体划线实例

　　轴承座零件的立体划线,如图 3-42 所示。其中,图 3-42(a)所示为轴承座零件图;图 3-42(b)为根据孔中心及上平面调节千斤顶,使工件水平,划底面加工线和大孔水平中心线;图 3-42(c)为转 90°,用直角尺校正划大孔的垂直中心线及螺钉孔中心线;图 3-42(d)为再次翻转 90°,用直角尺找正划螺钉孔另一方向的中心线及大端面加工线。

(a)　　　　　　　　　　　　　(b)

(c)　　　　　　　　　　　　　(d)

图 3-42　轴承座零件的立体划线

锯　削

锯削

锯削就是用手锯对工件材料进行分割或在工件上开出沟槽等的操作。虽然现在各种自动化、机械化的切割设备已广泛使用,但手动锯削加工仍很常见,它具有方便、简单和灵活的特点,适用于单件小批、较小材料、异形工件的加工,在开槽、修整及临时场地上也常进行锯削加工。锯削的主要作用是:锯断各种原材料或半成品,锯掉工件上的多余部分,在工件上锯槽。

>>> 任务一　锯削工具

钳工用的锯削工具主要是手锯。手锯由锯弓和锯条组成,将锯条装于锯弓上就形成了手锯,如图 4-1 所示。

图 4-1　手锯

锯削工具

1. 锯弓

锯弓是用来夹持和拉紧锯条的工具,且便于双手操持。根据其构造,锯弓可分为固定式和可调节式两种,如图 4-2 所示。可调节式锯弓的锯架分为前、后两段,前段套在后段内,其可伸缩,能安装几种长度规格的锯条。固定式锯弓的锯架是整体的,只能安装一种长度规格的锯条。锯弓两端都有夹头,一端是固定的,一端为活动的,当锯条装在两端夹头的销子上后,拧紧活动夹头上的蝶形螺母就可把锯条拉紧。相比之下,可调节式锯弓具有灵活性,得到广泛应用。

（a）可调节式　　　　　　　　　　（b）固定式

图 4-2　锯弓的构造

锯弓按其材料又可分为两种:钢板制锯弓和钢管制锯弓。

2. 锯条

锯条是手锯的重要组成部分,是用来直接锯削材料或工件的刀具。锯条一般用渗碳软钢冷轧而成,常用牌号为 T12A,也可用碳素工具钢或合金工具钢制成,并经热处理淬硬,其切削部分硬度达到 62 HRC 以上。锯条结构如图 4-3 所示。

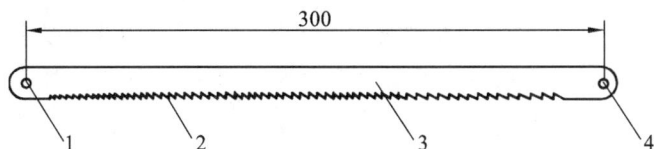

图 4-3 锯条结构

1,4—销孔;2—锯齿;3—条身

1)锯条的规格

锯条的规格是以两端安装孔的中心距来表示的,一般有 150 mm、200 mm、300 mm、400 mm 几种规格,其宽度为 10～25 mm,厚度为 0.6～1.25 mm。钳工常用的锯条规格为 300 mm,其宽度为 12 mm,厚度为 0.8 mm。

2)锯条的切削角度

锯齿指锯条上的凸起部分。锯条的切削部分由单面均布的锯齿组成。为了减小锯条的内应力,充分利用锯条材料,目前出现了双面有齿的锯条,两边锯齿淬硬,中间锯齿有较好韧性,不易折断,可延长使用寿命。常用的锯条锯齿前角为 0°,后角为 40°,楔角为 50°,如图 4-4 所示。制成这一后角和楔角的目的,是使切削部分具有足够大的容屑槽和使锯齿具有一定的强度,以便获得较高的工作效率。

3)锯路

在制造锯条时,全部锯齿按一定规则左右错开,排成一定的形状,形成锯齿的不同排列形式,称为锯路。锯齿的排列形式有交叉形和波浪形等,如图 4-5 所示。锯路的形成,能使锯缝宽度大于锯条背部的厚度,使锯条在锯削时不会被锯缝夹住,以减小锯条与锯缝间的摩擦阻力,便于排屑,减轻锯条的过热与磨损,延长锯条的使用寿命,提高锯削效率。

图 4-4 锯齿角度

(a)交叉形　(b)波浪形

图 4-5 锯路

4）锯条的粗细与选择

锯条的粗细是以锯条每 25 mm 长度内锯齿的个数来表示的,常用的有 14、18、24 和
32 等几种,分别为粗齿、中齿、细齿和极细齿,显然,齿数越多,锯齿就越细。

选择粗细合适的锯条,是保证锯削质量和效率的重要条件,锯齿粗细应根据材料的硬
度、强度、厚度及切面的形状大小来确定,使锯削工作省力又经济。

（1）粗齿锯条　适用于锯削软材料和较大表面及厚材料,如锯削紫铜、青铜、铝、铸铁、
低碳钢和中碳钢等软材料,以及较厚的材料,如图 4-6 所示。因为在这种情况下每推锯一
次都会产生较多的切屑。这就要求锯条有较大的容屑槽,以防产生堵塞现象而影响锯削
效率。

（2）细齿锯条　适用于锯削硬材料、管子或薄材料,如锯削工具钢、合金钢等硬材料或
各种薄板和管子。因硬材料不易锯入,每锯一次切屑较少,不易堵塞容屑槽,细齿锯条同
时参加切削的齿数增多,可使每齿担负的锯削量小,锯削阻力小,材料易于切除,推锯省
力,锯齿也不易磨损。对于薄板或管子,主要应防止锯齿被钩住,甚至使锯条折断,如图 4-7
所示。

（3）中齿锯条　适用于锯削中等硬度的材料,如中等硬度的钢、黄铜、铸铁等。

图 4-6　粗齿锯条锯厚材料　　　　图 4-7　细齿锯条锯薄材料或管子

》》》 任务二　锯削的基本操作

1. 锯条的安装

（1）锯条的安装方向　由于手锯是在向前推进时进行切削的,因此安装锯条时要保证
齿尖向前,如图 4-8 所示,而返回时不起切削作用,所以锯条在安装时具有方向性。安装时
应使齿尖的方向朝前,此时前角为零,如果装反了,则锯齿前角为负值,就不能正常锯削。

（a）安装正确　　　　　　（b）安装错误

图 4-8　锯条的安装

（2）锯条的松紧　将锯条安装在锯弓上,锯条的松紧通过蝶形螺母来调节。锯条的松
紧程度要适当,如果锯条安装得太紧,则锯条受力太大,失去应有的弹性,以至于在锯削时

稍有阻滞就产生弯曲,锯条很容易折断;如果安装得过松,则锯条在锯削时易弯曲摆动,造成折断,且锯缝容易歪斜。

锯条安装好后,还应检查锯条安装得是否倾斜、扭曲,因前后夹头的方榫与锯弓方孔之间有一定的间隙,如发现歪斜、扭曲,则必须调整锯条与锯弓在同一中心平面内,以保证锯缝正直,防止锯条过快磨损和折断。

2. 工件的装夹

装夹工件有以下四点要求。

（1）工件一般应夹持在台虎钳的左面,以方便操作。

（2）工件不应伸出钳口过长,一般应保持锯缝距离钳口 20 mm 左右,防止在锯削过程中产生振动。

（3）锯缝线要与水平面保持垂直。

（4）夹持工件时不要用力过大,以免将工件夹变形或夹坏已加工好的表面。

3. 起锯方法

起锯时,左手拇指靠近锯条,如图 4-9 所示,使锯条能正确地放在所需的位置上,行程要短,压力要小,速度要慢。起锯是锯削工作的开始,起锯质量直接影响锯削的质量。起锯有远起锯和近起锯两种,如图 4-10 所示。

远起锯是指从工件远离操作者的一端起锯,其优点是能清晰地看清所划的锯削线,防止锯齿卡在棱边上而崩裂,锯条逐步切入材料,不易被卡住。

近起锯是指从工件靠近操作者的一端起锯,此方法掌握不好,锯齿会一下子切入较深,锯齿被棱边卡住,使锯条崩裂。

图 4-9 拇指挡住锯条起锯

（a）远起锯 （b）近起锯

图 4-10 起锯方法

锯削时,一般采用远起锯的方法。但无论用哪一种起锯方法,起锯角度都要小些,一般为 10°～15°。起锯角度太大,锯齿会钩住工件的棱边而产生崩齿;起锯角度太小或平锯,则锯齿不容易切入材料,或会因锯齿打滑而拉毛工件表面。当锯到深度 2～3 mm 时,将锯弓改至水平方向,开始正常锯削。

锯削方法

4. 锯削姿势及锯削运动

锯削时,手锯有四种握锯方法,分别是死握法、活握法、抱锯法和扶锯法,如图 4-11 所示。

（a）死握法　　　　　　　　　（b）活握法

（c）抱锯法　　　　　　　　　（d）扶锯法

图 4-11　手锯的握锯方法

　　手握锯时,要自然舒展,一般情况下,右手握手柄,左手轻扶锯弓前端,如图 4-12 所示。锯削时,站立的位置要适当,如图 4-13 所示。锯削时右腿伸直,左腿弯曲,身体向前倾斜,重心落在左脚上,两脚站稳不动,靠左膝的屈伸使身体做往复摆动。即在起锯时,身体稍向前倾,与竖直方向成 10°左右夹角,此时右肘尽量向后收,随着推锯的行程增大,身体逐渐向前倾斜,行程达 2/3 时,身体倾斜 18°左右,左、右臂均向前伸出。当锯削最后 1/3 行程时,用手腕推进锯弓,身体随着锯的反作用力退回到 15°角位置。锯削行程结束后,取消压力将手和身体都退回到最初位置,如图 4-14 所示。

图 4-12　手锯的握法

图 4-13　锯削站立的位置

图 4-14　锯削操作姿势

锯削速度以每分钟 20~40 次为宜。速度过快,锯条容易发热,磨损加重。速度过慢,会直接影响锯削效率。一般锯削软材料可快些,锯削硬材料可慢些。必要时可用切削液对锯条进行冷却润滑。

锯削时,尽量在全长度范围内使用锯条。一般应使锯条的行程不小于锯条长度的 2/3,以延长锯条的使用寿命。锯削时锯弓的运动形式有两种:一种是直线往复运动,适用于锯削薄工件和直槽;另一种是摆动运动,起锯时,左手压下,右手抬高,与水平方向成 10°~15°,随着锯条前进,左手逐渐抬起,右手逐渐下压,回程时右手逐渐抬起,左手逐渐下压,返回原来的位置,自然摆动,这种操作自然省力。锯弓前进时,一般要加入不大的压力,而后拉时不加压力。

在锯削过程中,如发现锯齿崩裂,即使是一个齿崩裂,也应立即停止锯削,否则该齿后面的锯齿也会迅速崩裂。为了恢复锯齿崩裂后的锯削能力,可取下锯条,在砂轮上把崩齿的地方小心地磨光、磨斜或磨圆,并把崩齿部位的后面几个齿磨低些,图 4-15所示为锯齿崩裂的处理。

图 4-15　锯齿崩裂的处理

5. 常见工件的锯削方法

(1)棒料的锯削　锯削棒料时,如果要求锯出的断面平整、光洁,则锯削时应从一个方向起锯,并连续锯削直到结束。当锯削后工件的断面要求不高时,可以在锯入一定深度后,将棒料转过一定角度重新起锯,这样可以减小锯削抗力,如图 4-16 所示。如此反复几次,进行不同方向锯削,最后一次锯断,这样比较省力,工作效率也高。

(2)薄壁管子的锯削　锯削薄壁管子时,应使用两块木质 V 形或弧形槽垫块夹持,以防管子变形或夹坏表面,如图 4-17 所示。锯削时不能仅从一个方向锯削直到结束,否则管壁易钩住锯齿而使锯条崩齿或折断,锯出的锯缝因为锯条跳动而不平整。正确的锯法是当锯到管子内壁处时,把管子向推锯方向转过一个角度。锯条再依原有的锯缝继续锯削,且仍锯到内壁处,不断转动,不断锯削,直至锯断,如图 4-18 所示。

图 4-16 毛坯棒料的锯削

图 4-17 薄壁管子的夹持

（3）薄板料的锯削 锯削薄板料时,可将薄板夹在两木块或金属之间,连同木块或金属块一起锯削,如图 4-19 所示。这样既可避免锯齿被钩住而发生崩齿或折断,又可增大薄板的刚度。另外,若将薄板夹在台虎钳上,用手锯进行横向斜推,就能使同时参与锯削的齿数增加,避免锯齿被钩住,又能增大工件的刚度。

（a）正确　　（b）错误

图 4-18 薄壁管子的锯削

图 4-19 薄板料的锯削

（4）深缝的锯削 当工件锯缝的深度超过锯弓的高度时,这种锯缝称为深缝。如图 4-20 所示,在锯弓快要碰到工件时,应将锯条拆出并转动 90°重新安装,或把锯条的锯齿朝着锯弓内侧进行锯削,使锯弓不与工件相碰。

图 4-20 深缝的锯削

（5）扁钢的锯削 如图 4-21 所示,锯扁钢时,应从宽面往下锯,此法不但效率高,而且能较好地防止锯齿崩裂。若从窄面往下锯,则锯削时只有很少的锯齿与工件接触,工件越薄,来回推拉时的振动也越大,锯齿越容易被工件的棱边钩住而崩裂。

（a）扁钢的正确锯削　　　　（b）扁钢的不正确锯削

图 4-21 扁钢的锯削

（6）槽钢的锯削　如图 4-22 所示,槽钢的锯削与扁钢一样,但要分三次从宽面往下锯,不能在一个面上往下锯,应尽量在长的锯缝口上起锯,必须三次改变工件的夹持位置。

图 4-22　槽钢的锯削

（7）曲线轮廓锯削方法。

① 锯条形状及尺寸和磨制要求　有时候需要在板料上进行曲线轮廓的锯削,这就需要对锯条进行适当的处理。为了尽量锯削比较小的曲线半径轮廓,需要将条身磨制成图 4-23 所示的形状及尺寸,其工作部分的长度为 150 mm 左右,宽度为 5 mm 左右,两端要圆弧过渡。磨制过程中要注意的问题是:一要及时放入水中冷却,以防止退火、硬度降低;二是要在细条身（5 mm 左右）两端磨出过渡圆弧,以利于切削并防止条身折断。

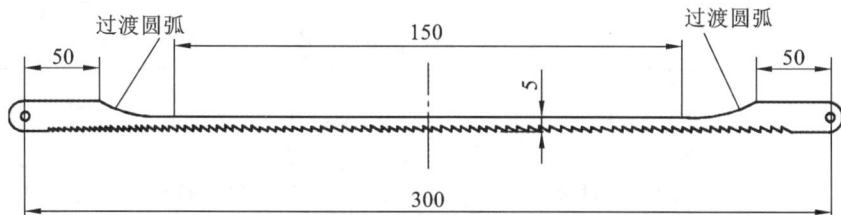

图 4-23　曲线锯条形状及尺寸

② 锯削外曲线轮廓方法　进行外曲线轮廓锯削时,要尽量调紧锯条,先从工件外部锯出一个切线切入口,如图 4-24(a)所示,然后沿着曲线轮廓加工线锯削,如图 4-24(b)所示,最后得到外曲线轮廓工件,如图 4-24(c)所示。

图 4-24　锯削外曲线轮廓

③ 锯削内曲线轮廓方法　进行内曲线轮廓锯削时,先从工件内部接近加工线的地方钻出一个工艺孔（直径为 15～18 mm）,再穿上锯条并尽量调紧锯条,然后锯出一个弧线切入口,如图 4-25(a)所示,再沿着曲线轮廓加工线锯削,如图 4-25(b)所示,最后得到内曲线轮

常见工件的锯削方法

廓工件,如图 4-25(c)所示。

图 4-25 锯削内曲线轮廓

6. 锯削时产生废品的形式、主要原因及预防措施

锯削时产生废品的形式主要有:尺寸过小、锯缝歪斜过多、起锯时把工件表面锯坏等。产生废品的原因及预防措施见表 4-1。

表 4-1 锯削时产生废品的原因

废品形式	主要原因	预防措施
锯缝歪斜	1.锯条装得过松; 2.目测不及时	1.适当绷紧锯条; 2.安装工件时锯缝的划线与钳口外侧不平行,锯削过程中经常目测; 3.扶正锯弓,按线据削
尺寸过小	1.划线不正确; 2.锯削线偏离划线	1.按图样正确划线; 2.起锯和锯削过程中锯缝与划线始终重合
起锯时工件表面被锯坏	1.起锯方法不对; 2.起锯力量过大,速度过快,没控制好锯弓	1.起锯时左手拇指要挡着锯条,起锯角度要适当; 2.待有一定的起锯深度后再正常锯削,以避免锯条弹出

任务三 锯条损坏的原因

锯条的损坏形式常见的有锯齿崩裂、锯条折断和锯齿过早磨损等几种。

1. 锯齿崩裂的原因

锯齿崩裂的原因有以下几点。

(1)起锯角太大或采用近起锯时用力过大。

(2)锯削时突然加大压力,锯齿被工件棱边钩住而崩裂。

(3)锯削薄板料和薄壁管子时锯条选择不当。

(4)锯削时突然遇到硬块杂质。

2. 锯条折断的原因

锯条折断的原因有以下几点。

（1）锯条安装得过松或过紧。

（2）工件装夹不牢固或装夹位置不正确，造成工件松动或抖动。

（3）锯缝歪斜后强行纠正，使锯条扭断。

（4）运行速度过快、压力太大或突然用力，锯条在锯缝中容易被卡住并折断。

（5）更换新锯条后，新锯条容易在旧锯缝中造成夹锯而折断。一般应更换方向再开始锯削，如果仍在旧锯缝中锯削，则应减力、慢速和细心地锯削。

（6）工件被锯断时没有减慢锯削速度和减小锯削力，手锯突然失去平衡，碰撞到台虎钳等物体而使锯条折断。

（7）锯削过程中停止工作，但未将手锯从锯缝中取出而使锯条碰断或锯弓突然从锯缝中掉落到底面摔断。

（8）锯削基本操作不熟练或操作不慎。

3. 锯齿过早磨损的原因

锯齿过早磨损的原因有以下几点。

（1）锯削速度太快，使锯条过度发热，加剧锯条的磨损。

（2）锯削的材料偏硬。

（3）锯削硬材料时没有加冷却液。

（4）推拉锯弓过程中，没有充分利用锯条的有效全长，锯条行程短，加快锯条局部磨损。

4. 锯缝歪斜的原因

锯缝歪斜的原因有以下几点。

（1）工件装夹时锯缝不垂直于水平面，发生偏斜。

（2）锯条安装得过松或歪斜、扭曲。

（3）锯削过程中压力过大，使锯条左右摆动。

（4）锯削过程中未握正锯弓或用力过大使锯条背离锯缝中心平面。

5. 锯缝歪斜的防止与纠正方法

（1）锯缝歪斜的防止方法　锯弓是一般的手工工具，锯条安装夹紧后，其侧平面一般并不是和弓架的侧平面处于同一平面或构成平行的状态，这时可利用一些工具进行适当的矫正。但条身与弓架的侧平面仍然有一定的倾斜角度 α，如图 4-26（a）所示。如果以弓架的侧平面为基准对工件进行锯削，锯缝就容易发生歪斜，如图 4-26（b）所示。因此在锯削中应注意两点：一是弓架的握持与运动要以条身侧平面为基准，条身应与加工线平行或重合，如图 4-26（c）所示；二是在锯削中应不断观察并及时调整，这样才能有效地防止锯缝歪斜。

（2）锯缝歪斜后的纠正方法　在锯削加工中，锯缝如果发生较明显歪斜，如图 4-27（a）所示，则可利用锯路的特点采用"悬空锯"的方法进行纠正。其操作方法是：先将锯条尽量调紧绷直，将条身悬于锯缝歪斜的弯曲部位稍上位置，如图 4-27（b）所示，左手拇指与食指、中指相对捏住条身前 1/3 处，并适度用力扭转条身向弯曲点一侧自上而下地进行修正锯削，此时，锯削行程不宜过长，一般控制在 80 mm 左右，当修正的锯缝与加工线平行或重合时，即可恢复正常锯削，如图 4-27（c）所示。

图 4-26　锯缝歪斜的防止方法

弓架及侧平面

条身及侧平面

加工线

（a）　　　　　（b）　　　　　（c）

弯曲部位

（a）　　　　　（b）　　　　　（c）

图 4-27　锯缝歪斜的纠正方法

任务四　锯削的安全文明生产

（1）工件装夹要牢固,即将被锯断时,要防止断料掉下,同时防止用力过猛而将手撞到工件或台虎钳上受伤。

（2）注意工件的安装、锯条的安装、起锯方法、起锯角度应正确,以免一开始锯削就造成废品和锯条损坏。

（3）要适时注意锯缝的平直情况,及时纠正。

（4）在锯削钢件时,可加些机油,以减小锯条与锯削断面的摩擦并冷却锯条,延长锯条的使用寿命。

（5）要防止锯条折断后弹出锯弓伤人。

（6）锯削完毕,应将锯弓上张紧螺母适当放松,并将其妥善放好。

锉　削

用锉刀对工件表面进行切削加工,使其达到图纸要求的形状、尺寸、精度和表面粗糙度等,这种加工方法称为锉削。锉削加工的尺寸精度可达到 0.01 mm,公差等级为 IT7～IT8,表面粗糙度 Ra 为 1.6～0.8 μm。锉削加工范围广,可加工内外平面、内外曲面、内外角、沟槽、各种复杂表面等,常用于零件制造,样板、模具、机器的装配、维修、调整和锉配。锉削是钳工的重要操作技能之一,也是较难掌握的一项技能。尽管锉削加工效率不高,但在现代工业生产中,用途仍很广泛。

≫≫ 任务一　锉　刀

锉刀是锉削加工的主要工具。锉刀一般采用 T12、T12A 或 T13,经过淬火等工序加工而成,经过表面淬火热处理后,其硬度可达 62～67 HRC。锉刀耐磨、韧性差。

1. 锉刀的构造

锉刀由锉身、锉尾、锉身平行部分、梢部、锉肩、主锉纹、辅锉纹、边锉纹、主锉纹斜角、辅锉纹斜角、边锉纹斜角、锉纹条数、锉齿底线、齿前角和尺高等部分组成,如图 5-1 所示。

图 5-1　锉刀的构造及各部分名称

(1) 锉刀面是锉刀的主要工作面,一般锉刀面在纵长方向略呈不规则的凸弧状,其目的是防止热处理变形后,某一锉刀面变凹,以抵消锉削时因锉刀上下摆动而产生的工件中凸现象,保证工件能锉得平直。

（2）锉刀边是指锉刀的两个侧面,有齿边和光边之分。齿边可切削金属,光边可起导向作用。在锉削内直角面时,用光边靠在已加工的面上去锉另一直角面,防止碰伤已加工表面。

（3）锉尾是指锉刀尾的锥部,插入锉刀柄中,锉削时便于握持和传递推力。

（4）锉齿是在锉削过程中进行切削的刀齿,锉削时每个刀齿相当于一把錾子,如图 5-2 所示。锉齿的齿形有铣齿和剁齿两种加工方法,如图 5-3 所示。

图 5-2　锉削原理

（a）铣齿加工的锉刀　（b）剁齿加工的锉刀

图 5-3　锉刀的切削角度

（5）锉纹是锉齿有规则排列形成的图案,锉纹有单齿纹与双齿纹两种。对于单齿纹锉刀,锉齿正前角切削,齿强度低,全齿宽参加切削,切削阻力增大,切屑不易破碎,多用于锉削软金属。双齿纹锉刀主锉纹覆盖在辅锉纹上,主、辅锉纹交叉成一定角度,形成很多前后交错排列的刀齿容屑槽,使锉面间断,达到分屑断屑的作用,因此锉削时比较省力,比较适合锉削硬材料,如图 5-4 所示。

（a）单齿纹锉刀　　　　　（b）双齿纹锉刀

图 5-4　锉刀纹

2. 锉刀的类型、规格与基本尺寸

（1）锉刀的类型　钳工常用的锉刀有普通钳工锉刀、异形锉刀、什锦锉刀三类。

① 普通钳工锉刀。它是锉削加工中应用最为广泛的一类锉刀,主要用于一般工件的加工。其按断面形状不同,又分为平（扁）锉、方锉、三角锉、半圆锉和圆锉五种,如图 5-5 所示。

图 5-5 普通钳工锉刀断面形状

② 异形锉刀。用来加工零件的特殊表面,有蛇形锉、刀口锉、菱形锉等,如图 5-6 所示。

(a) 断面不同的各种直的异形锉刀

(b) 弯曲的异形锉刀

图 5-6 异形锉刀

③ 什锦锉刀(整形锉刀)。用于整修、锉削细小零件、窄小表面,冲模、样板的精细加工和修整工件上的细小部分。其按断面形状不同,又分为扁锉、半圆锉、三角锉、方锉、圆锉、菱形锉、单面三角锉、刀形锉、双半圆锉和椭圆锉等,如图 5-7 所示。

图 5-7 什锦锉刀

(2) 锉刀的规格 锉刀的规格主要有尺寸规格和粗细规格。尺寸规格一般以锉刀长度表示,普通钳工锉刀以锉身长度为尺寸规格,异形锉刀和整形锉刀以锉刀全长为尺寸规格。粗细规格按锉纹号表示,即按每 10 mm 轴向长度内的锉纹条数划分为五个等级,即 1、2、3、4、5 级,依次为粗齿锉刀、中齿锉刀、细齿锉刀、双细齿锉刀和油光锉刀。

锉刀的种类

3. 锉刀的选用与保养

(1) 锉刀的选用原则 每种锉刀都有其适当的用途和不同的使用场合,锉刀的选用是否合理,对加工质量、加工效率以及锉刀的使用寿命都有很大的影响,锉削前必须认真选择合适的锉刀。通常应根据工件锉削余量的大小、锉削表面的形状及大小、精度要求的高低、材料性质以及表面粗糙度的大小来选用锉刀,如图 5-8 所示。

图 5-8　不同加工表面的锉削

　　一般情况下,粗齿锉刀、中齿锉刀主要用于加工余量大、加工精度低和表面粗糙度要求不高的工件的粗加工;细齿锉刀主要用于加工余量小、加工精度高和表面粗糙度要求高的工件的半精加工;油光锉刀主要用于表面光整加工。

　　(2)锉刀的使用和保养　合理选用锉刀是保证锉削质量的前提,正确使用和保养锉刀,则是延长锉刀使用寿命的一个重要环节,因此,必须注意正确使用和保养锉刀。

　　① 一般情况下,锉刀要先用一面,用钝后再用另一面;在锉刀的两锉刀面中,中凹的一面尽量用于粗加工,中凸的一面尽量用于半精加工和精加工。

　　② 不要用锉刀锉削毛坯的硬皮及钢件淬硬的表面,否则锉刀面会快速磨损,可用平锉刀两侧的边锉纹来锉削工件较硬表面。

　　③ 锉削过程中,要充分使用锉刀的有效全长,避免使用锉刀局部进行锉削,致使锉齿局部磨损。

　　④ 发现切屑嵌入纹槽内和在每次用完后应用钢丝刷或铜片顺着齿纹方向清理干净嵌入的切屑,如图 5-9 所示。

（a）用钢丝刷　　　　（b）用铜片

图 5-9　清除切屑

⑤ 严禁将锉刀作为撬杠或手锤使用。

⑥ 锉削中不允许用手摸锉削表面,以免再锉时发生打滑。锉刀上不允许沾水、沾油。

⑦ 用整形锉刀锉削时用力不要过大,防止整形锉刀折断。

⑧ 不允许使用未安装锉刀柄的锉刀,或锉刀柄已经开裂的锉刀。

⑨ 锉刀不能与其他锉刀或工具、量具和工件重叠放置在一起,防止损坏
锉齿。

⑩ 锉刀放在钳台上时不允许露出桌沿,防止因碰撞掉下砸伤脚或摔坏。

⑪ 不许用手擦切屑,更不允许用嘴吹切屑,要用毛刷清除。

锉刀的选用

4. 锉刀柄的装卸方法

锉削时为了握持锉刀和传递推力,锉刀必须装上锉刀柄,锉刀柄是用硬木和塑料制成的。木质锉刀柄是由木柄体和金属柄箍构成的,木质锉刀柄必须装上金属柄箍方能使用。锉刀柄的规格分大、中、小三号。一般根据锉刀的长度配置适合的锉刀柄。

装拆锉刀柄时,应在台虎钳上进行。

(1) 安装锉刀柄时,左手大拇指与其他四指捏住锉刀柄,右手大拇指与其他四指捏住锉刀身,如图5-10所示,将锉刀尾插入柄孔,在台虎钳上垂直向下适当用力镦紧。安装木质锉柄时,用力不要太大,以免损坏锉柄。

(2) 拆卸锉刀柄时,左手捏住锉刀柄,右手捏住锉刀身在台虎钳两钳口上往下用力碰撞,或水平适当用力撞击锉刀柄,如图5-11所示。

图 5-10 锉刀柄的安装

碰撞钳口卸锉柄

图 5-11 锉刀柄的拆卸

▶▶▶ 任务二 锉 削 方 法

1. 锉刀的握法

拿较大钳工锉锉削时,一般情况下右手握住锉刀柄,柄端贴靠在大拇指肌肉的根部,大拇指放在锉刀柄的上部,大拇指根部压在锉刀头上,其余四指满握手柄自然弯向手心并收紧,如图5-12所示。这是使用最多、也是最基本的锉刀柄的握法。

按锉刀的大小和形状不同,锉刀有多种不同的握持方法,有手掌压锉法、手掌扣锉

图 5-12　右手握持较大锉刀柄的基本握法

法、手指按压锉法、双手抱锉法、横推握锉法、掰锉法、牵锉法、整形锉正握
法、整形锉反握法,如图 5-13 所示。

锉刀握法

（a）手掌压锉法

（b）手掌扣锉法

（c）手指按压锉法

（d）双手抱锉法

（e）横推握锉法

（f）掰锉法

（g）牵锉法

（h）整形锉正握法

（i）整形锉反握法

图 5-13　锉刀的握法

2. 手臂姿势

锉削时,对上半身及手臂姿势的要求是:以锉刀长度方向的中心线为基准,右手握持锉刀柄时,右前臂基本与锉刀中心线成一条直线,身体位置与台虎钳中心平面约成45°角。在锉削运动中,有并肩法、展肩法两种姿势,如图5-14所示。

（a）并肩法　　　　　　　　　　（b）展肩法

图 5-14　锉削时手臂姿势

3. 站立姿态

锉削时,对站立姿态的要求是:身体位置与台虎钳中心平面约成45°角。两脚大致与肩同宽,左脚向前迈半步,左脚与台虎钳中心平面约成30°角,右脚与台虎钳中心平面约成75°角,身体重心偏向左脚,右脚自然伸直,不要过于用力,右膝随锉削的往复运动而屈伸,视线盯在工件的切削部位上,如图5-15所示。

图 5-15　锉削站立姿态

4. 锉削操作姿势

锉削时,在锉刀向前锉削的过程中,身体稍向前倾斜10°左右,右肘尽量向后缩;开始锉削到前1/3行程时,身体前倾15°左右,重心在左脚,左膝微曲;锉削到中间1/3行程时,右肘向前推进锉刀,身体倾斜18°左右;锉削到后1/3行程时,右肘继续向前推进锉刀,身体随锉削时的反作用力自然地退回到15°左右;将身体重心后移,使身体恢复原位,同时将锉刀稍微抬起收回,至此,一个锉削行程完成;在即将收回到位时,身体又开始前倾,开始做第二次锉削运动。除了准备动作外,一个锉削行程分为锉刀推进行程和锉刀回退行程两个阶段。锉削速度一般在每分钟40次左右,推进行程时稍慢,回退行程时稍

锉削姿势

快,如图 5-16 所示。

图 5-16　锉削操作姿势

锉削要领:两脚站稳,身向前倾;左脚重心,屈伸左膝;两臂配合,往复运动。

5. 锉削力矩的平衡

锉削时两手的用力要保证锉削表面平直,掌握好锉削力的平衡。推进锉刀的两手压在锉刀上的力应平稳。锉削力由水平推力和竖直压力合成,推力主要由右手控制,压力由两手控制,锉削时由于锉刀两端伸出工件的长度在不断变化,因此两手对锉刀的压力大小也必须随之变化,如图 5-17 所示。开始时左手的压力要大,右手压力要小;推进到中间位置时,左、右手压力相同;终了时左手的压力要小,右手压力要大。

图 5-17　锉削力矩的平衡

6. 锉削工件的装夹

工件必须牢固地夹持在台虎钳的中间，伸出钳口不能太高，一般为 10 mm 左右，太高会使工件在锉削时产生振动。装夹已加工表面时，应在台虎钳钳口加上紫铜皮垫片或其他较软的钳口垫片，如图 5-18 所示。装夹工件要牢固，拧紧时用力不要太大，以免工件发生变形。

图 5-18　台虎钳软钳口垫

软钳口

▶▶▶ 任务三　平面的锉削与检测

锉削时常用的锉削方法有顺向锉法、交叉锉法和推锉法三种。

锉削的方法

1. 顺向锉法

顺向锉法是指锉刀始终沿着同一方向运动进行锉削，如图 5-19 所示。它是锉削的基本方法，采用这种方法锉削可得到顺直的锉痕，较整齐美观。顺向锉法适用于工件表面最后的锉光，锉削技术水平低时，易产生中凸现象。

2. 交叉锉法

交叉锉法是从两个方向交叉对工件进行锉削，如图 5-20 所示。锉刀运动方向与工件夹持方向成 30°～45°的角，锉削时锉刀与工件的接触面增大，较容易保证锉刀的平稳，但锉纹交叉。这种

图 5-19　顺向锉法

锉削方法形成的锉痕可显示出锉削面的高低情况，易于把高处锉去，表面容易锉平，但锉痕不顺直，所以当锉削余量大时，可先采用交叉锉法，或者粗锉时采用交叉锉法，精锉或余量小时必须采用顺向锉法，使锉削表面纹理顺直且美观。

3. 推锉法

推锉法是用两手对称地横握锉刀，用大拇指平稳地沿工件表面来回推动进行锉削的方法，如图 5-21 所示。采用这种方法，锉刀的平衡容易掌握，切削量很小，可获得较平的锉削表面、较小的表面粗糙度和顺直的锉纹。但锉削效率不高，常用于精锉和修顺锉纹。

图 5-20　交叉锉法　　　　图 5-21　推锉法

在锉削较宽平面时，当退回锉刀时，锉刀应向旁边适当移动，这样可使整个加工表面

得到均匀的锉削,如图 5-22 所示。

图 5-22　锉刀的移动

4. 锉削平面的检验方法

锉削平面的检验包括平面度的检验和垂直度的检验。

(1) 平面度的检验　在平面的锉削过程中或锉好后,通常采用刀口尺以透光法来对工件进行检验,如图 5-23 所示。用刀口尺沿锉削面的横向、纵向和对角线方向进行检查,根据刀口与工件表面之间透过光线的强弱是否均匀,来判断平面度的误差。若透过的光线强弱不均,说明该检测处凸凹不平,光线最强的部位最凹,光线最弱的部位最凸。若光线微弱且均匀,则表明该检测处较平直。

图 5-23　平面度的检查

(2) 垂直度的检验　在平面的锉削过程中或锉好后,在检验之前,先用细齿锉刀将工件的锐边倒钝,如图 5-24 所示。再采用直角尺以透光法对工件进行检验,如图 5-25 所示。用直角尺检验时,将直角尺的基准边轻轻地贴紧在工件的基准面上,慢慢向下移动,当直角尺的测量边垂直接触到检测表面时,用透光法检验,步骤要求与平面度的检验相同。直角尺不能斜放,否则会造成检测不准确。

图 5-24　锐边倒钝

图 5-25　垂直度的检查

5. 锉削质量分析

锉削加工中产生的质量问题及产生原因如表 5-1 所示。

表 5-1　锉削质量分析

锉削质量问题	产生原因
平面中凸	1. 锉削时双手所用的力不能使锉刀保持平稳； 2. 开始锉削时,右手压力太大,锉刀被压下;锉刀推到前面时,左手压力太大,锉刀被压下,使前后面被锉去得较多； 3. 锉削姿势不正确； 4. 锉刀本身中凹
对角扭曲或塌角	1. 左手或右手施加压力时重心偏向锉刀一侧； 2. 工件未能正确夹持； 3. 锉刀本身扭曲
平面横向中凸或中凹	锉刀在锉削时左右移动不均匀

任务四　曲面、球面的锉削与检测

1. 外圆弧面的锉削

锉削外圆弧面时,不仅有平面锉削时锉刀的向前运动,还有锉刀沿工件弧面的转动,因此锉削外圆弧面时,锉刀要完成两种运动。外圆弧面的锉削根据锉刀的运动分为横向和顺向外圆弧锉法。

（1）横向外圆弧锉法　如图 5-26 所示,锉削时,锉刀的向前运动与圆弧轴线平行,锉刀沿工件圆弧绕圆弧轴线转动。这种方法容易发挥锉削力量,锉削效率高,便于按划线均匀地锉近弧线,但只能锉成近似圆弧面的多棱形面,故适用于加工余量大的圆弧面的粗加工。

（2）顺向外圆弧锉法　如图 5-27 所示,锉削时,锉刀的前进方向与圆弧轴线垂直,锉刀绕工件圆弧中心转动。顺着圆弧面锉削时,锉刀向前,右手把锉刀柄部下压,左手把锉刀前端上抬,在上抬和下压的过程中要施压并推进锉刀,如此反复,锉刀上抬和下压的摆动幅度要大,才易于锉圆,并随时用外圆弧样板检验修圆,直到圆弧面基本成形。这种锉削方法能使圆弧面圆滑光洁,但不易发挥锉削力量,锉削位置不易掌握且效率不高,适用于加工余量不大的圆弧锉削或精锉圆弧。

图 5-26　横向外圆弧锉法　　　图 5-27　顺向外圆弧锉法　　　曲面锉削方法

图 5-28　内圆弧的锉法

2. 内圆弧的锉削

锉削内圆弧时,锉刀要同时完成三个运动,即沿轴向做前进运动、向左或向右移动半个至一个锉刀的宽度、绕锉刀轴线转动约 90°,如图 5-28 所示。锉削内圆弧的锉刀可选用圆锉或半圆锉。锉内圆弧时,只有同时完成三个运动,并随时用圆弧样板检验修圆,才能保证锉出的内圆弧光滑、准确。

3. 球面的锉削

锉削圆柱端部球面的方法如图 5-29 所示,锉刀沿外圆弧面做顺向滚锉运动,同时绕球面的球心做周向摆动。圆柱端部球面的锉法有直向锉法和横向锉法两种。检验球面的曲面轮廓可用半径规(R 规)或样板,如图 5-30 所示。

（a）直向锉法　　　（b）横向锉法

图 5-29　球面的锉法

图 5-30　用样板检查曲面轮廓

4. 基本形面的锉削

（1）内外棱角锉削方法。

① 倒角　为便于装配和使用,将工件外棱角处斜切成一定角度和边长的过渡平面(即为倒角面)的加工方法称为倒角。如 $C0.5$、$C1$、$1×2$、$1×30°$、$1×60°$ 等。$C0.5$ 是倒角 45°、直角边长度是 0.5 时的简化标注,30°、60°的倒角不能简化标注,如图 5-31 所示。习惯上将直角边长度小于 0.5 的倒角称为倒棱,倒棱的目的是去除工件外棱角处的毛刺,以便于测量、装配和使用,如 $C0.4$、$C0.3$、$C0.2$、$C0.1$ 等。

图 5-31　倒角

② 倒圆　为便于装配和使用,将工件外角顶处加工成圆弧面的加工方法称为倒圆。例如 $R1$、$R2$ 等,如图 5-32 所示。

③ 清角　为防止加工干涉或便于装配和形面加工,在工件内棱角处加工出一定直径的工艺孔(如 $\phi1$、$\phi2$ 等)或一定边长的工艺槽的方法称为清角(如 $1×1$、$2×2$ 等)。工艺孔

可采用钻孔或锉削加工的方法,工艺槽可采用锉削或锯削加工的方法,如图 5-33 所示。

图 5-32 倒圆

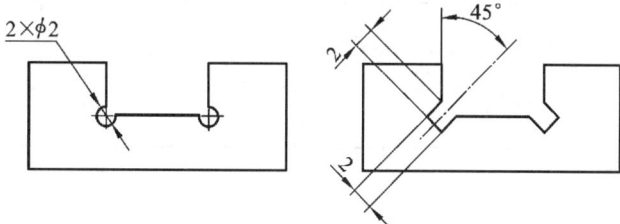

图 5-33 清角

（2）四面体改圆柱体（方改圆）锉削方法 首先粗、精锉正四棱柱纵向四面至满足尺寸要求,如图 5-34(a)所示。然后将正四棱柱改锉成正八棱柱,将其纵向四面锉至满足尺寸要求,如图 5-34(b)所示。根据工件直径,还可将正八棱柱改锉成正十六棱柱,将其纵向八面锉至满足尺寸要求,如图 5-34(c)所示。总而言之,等分面越多,就越接近圆柱体。精锉可采用周向摆动锉削的方法(若圆柱体较长,则可采用横向推锉法进行精锉),如图 5-34(d)所示。

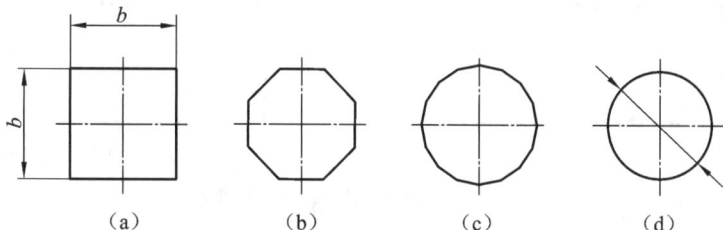

（a）   （b）   （c）   （d）

图 5-34 四面体改圆柱体

（3）两平面接凸圆弧面锉削方法 首先粗、精锉相邻两平面(1、2 面)至满足要求,如图 5-35(a)所示,然后除去一角,如图 5-35(b)所示,再粗、精锉圆弧面至满足要求,如图 5-35(c)所示。

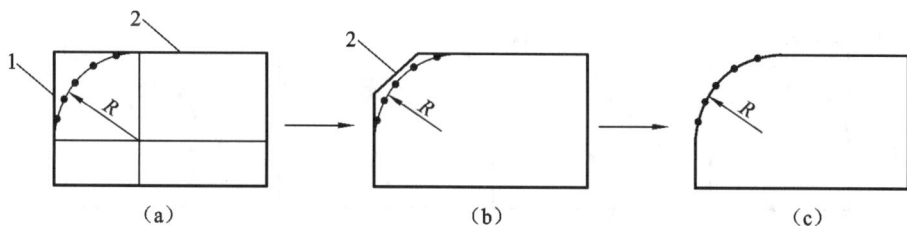

（a）   （b）   （c）

图 5-35 两平面接凸圆弧面锉削方法

（4）平面接凹圆弧面锉削方法 图 5-36(a)所示为加工图。先粗锉凹圆弧面 1,如图 5-36(b)所示,后粗锉平面 2,如图 5-36(c)所示;再半精锉凹圆弧面 1,如图 5-36(d)所示,后半精锉平面 2,如图 5-36(e)所示;最后精锉凹圆弧面 1 和平面 2,如图 5-36(f)所示。

从上述可以看出,平面接凹圆弧面的锉削方法是将凹圆弧面和平面作为两个独立的面来进行锉削加工的,即先锉凹圆弧面,后锉平面,通过粗锉、半精锉和精锉三个基本工序来进行先后分层加工并且满足加工要求。先锉凹圆弧面,这样可以形成安全空间,保障平面锉削的加工质量,可一定程度上防止在锉削平面时出现对凹圆弧面的加工干涉,如图 5-36(g)所

图 5-36　平面接凹圆弧面锉削方法

示,同时可防止在检查平面的直线度时出现测量干涉,如图 5-36(h)所示。

（5）凸圆弧面接凹圆弧面锉削方法　图 5-37(a)所示为加工图。首先除去加工线外多余部分,如图 5-37(b)所示,先粗锉凹圆弧面 1,如图 5-37(c)所示,后粗锉凸圆弧面 2,如图 5-37(d)所示;再半精锉凹圆弧面 1,如图 5-37(e)所示,后半精锉凸圆弧面 2,如图 5-37(f)所示;最后精锉凹圆弧面 1 和凸圆弧面 2,如图 5-37(g)所示。

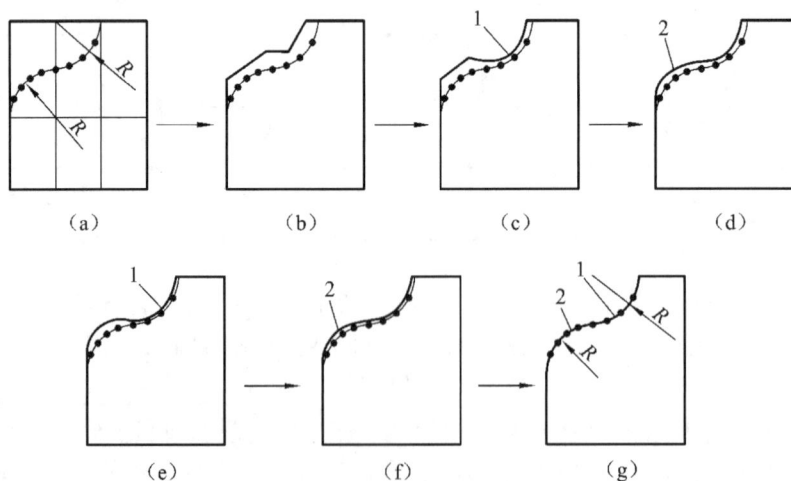

图 5-37　凸圆弧面接凹圆弧面锉削方法

錾　削

錾削是用手锤敲击錾子,对金属工件进行切削加工或对板料、条料进行切割加工的操作方法。錾削常用在不便于机械加工的单件生产的场合,可錾削平面,分割板料、条料、沟槽以及除去毛坯的飞边和毛刺等。

錾削加工是钳工操作中一项比较重要的基本操作,每次錾削金属层的厚度一般为 0.5~2 mm,錾削工作效率低,劳动强度大,但錾削加工所用的工具简单、操作方便、加工灵活。

>>> 任务一　錾 削 工 具

錾削工具主要是錾子和手锤。

1. 錾子

錾子是錾削基本操作中的刃具,是最简单的切削刀具,多由碳素工具钢锻制而成,切削部分制成所需的楔形后,经热处理、刃磨后便能满足切削要求。錾子之所以在外力作用下能对金属进行切削,一是刃部的材料比工件材料硬;二是切削部分具有楔的形状。錾削加工如图 6-1 所示。

图 6-1　錾削加工示意

(1) 錾子的种类及用途　錾子的形状是根据錾削对象不同而设计的,通常制成以下三种类型,如图 6-2 所示。

① 扁錾　又称平錾、阔錾,扁錾的刃口较长,切削部分扁平,用于錾削平面、切断板料、切断小直径棒料,去除凸缘、毛刺、毛边等,应用最广泛。

② 狭錾　又称尖錾、窄錾,狭錾的切削刃较短,且刃的两侧面自切削刃起向柄部逐渐变狭窄,以保证在錾槽时,两侧不会被工件卡住。狭錾主要用来錾直槽或沿曲线分割板料。

③ 油槽錾　油槽錾的刃部制成弧形,主要用来錾削润滑油槽。

(2) 錾子的构造　錾子由錾顶、錾身及錾刃三部分组成,如图 6-3 所示。錾子长度一般为 150~200 mm。錾顶一般制成锥形,顶部略带球形凸起,以便锤击力能通过錾子轴心,使受力集中,錾子不偏斜,刃口不易损坏;为防止錾子在手中转动,錾身一般制成扁形,以便操作者握持。

切削部分由前刀面、后刀面和切削刃组成。

① 前刀面是指錾子工作时,与切屑接触的表面。

② 后刀面是指錾子工作时,錾子上与工件已加工表面相对的表面。

图 6-2 錾子的种类

③ 切削刃是指錾子前刀面与后刀面相交的交线。

(3) 錾子切削时的几何角度 錾子切削时的三个几何角度如图 6-4 所示。

图 6-3 錾子结构

图 6-4 錾削时的切削角度

① 前角 γ 前刀面与基面之间的夹角。前角的大小决定了切削变形的程度及切削的难易程度,其作用是减小錾削时切屑的变形,使切削轻快省力。前角越大,切削越省力。

② 后角 α 后刀面与切削平面之间的夹角。后角的大小决定了切入深度及切削的难易程度;后角越大,切入深度就越大,切削越困难;后角越小,切入就越浅,切削越容易,但切削效率低。如果后角太小,则錾子会因切入分力过小而不易切入材料,从工件表面滑过。一般后角 $\alpha = 5° \sim 8°$ 较为适宜。

③ 楔角 β　前刀面与后刀面之间的夹角。楔角的大小在刃磨时形成,其大小影响切削部分的强度及刃口的锋利程度。楔角越大,刃口的强度就越大,刃口的锋利程度降低,切削阻力也越大。因此,应该在满足强度的前提下减小楔角。一般,錾削硬材料时,楔角可大些;錾削软材料时,楔角可小一些。

2. 手锤

錾削是利用手锤的锤击力使錾子錾切金属工件的,手锤是錾削加工必需的工具,也是钳工在装拆零件时的重要工具。手锤由锤头、锤柄等组成,如图6-5所示。根据用途不同,锤头有软锤头和硬锤头两种。软锤头有铝锤、铜锤、硬木锤、橡胶锤等几种,有时也在硬锤头上镶或焊一段铝或铜;软锤头一般用于工件拆卸、装配和校正。硬锤头主要由碳素工具钢锻造而成,锤头两端锤击处经热处理淬硬后磨光。锤柄用硬木制成,锤柄的截面形状为椭圆形,以便操作者定向握

图 6-5　手锤

持,其长度为300~350 mm。手锤的规格是根据锤头的质量来确定的,常用的有0.25 kg、0.5 kg、1 kg等几种。如0.5 kg的锤子柄长一般为350 mm,锤柄过长,会使操作不便,过短则又使挥力不够。图6-6所示为握持锤柄的方法。为了使锤头和锤柄可靠地连接在一起,锤头的孔做成椭圆形。木柄装入后,再敲入金属楔子,以确保锤头与锤柄不会松脱,如图6-7所示。

图 6-6　握持锤柄的方法

图 6-7　手锤装入楔子

▶▶▶ 任务二　錾削基本操作

1. 錾子的握法

錾子主要用左手的中指、无名指和小指握持,大拇指与食指自然合拢,让錾子的头部伸出约20 mm。錾削时,小臂要自然平放,使之处于水平位置,并使錾子保持正确的后角。錾子的握法有正握法、反握法和立握法三种,如图6-8所示。錾子不要握得太紧,应轻松自如地握持,否则,锤击时手指会受到很大的震动,使手部震麻,甚至受伤。

（a）正握法

（b）反握法

（c）立握法

（d）错误的握法

图 6-8　錾子的握法

2. 手锤的握法

手锤的握法分紧握法和松握法两种，如图 6-9 所示，错误握法如图 6-10 所示。

（a）紧握法

（b）松握法

图 6-9　手锤的握法

图 6-10　手锤的错误握法

（1）紧握法　用右手食指、中指、无名指和小指紧握锤柄，锤柄尾端露出 15～30 mm，大拇指压在食指上，虎口对准锤头方向，敲击过程中五指始终紧握。

（2）松握法　使用时只有大拇指和食指始终握紧锤柄。锤击过程中，当锤子打向錾子时，中指、无名指、小指在运锤过程中依次握紧锤柄。挥锤时以相反的顺序放松手指，操作熟练后，可增大锤击力，以免操作者疲劳。

3. 挥锤方法

挥锤的方法分腕挥、肘挥和臂挥三种,如图 6-11 所示。

（a）腕挥　　　　　　　（b）肘挥　　　　　　　（c）臂挥

图 6-11　挥锤的方法

（1）腕挥　只用手腕的运动进行挥锤。锤击力较小,一般用于錾削的开始和结尾。錾削油槽时,由于切削量不大也常用腕挥。

（2）肘挥　用手腕和肘一起运动来挥锤。锤击力较大,应用最广泛。

（3）臂挥　用手腕、肘和全臂一起挥锤。锤击力最大,用于需要大力錾削的场合。

挥锤要求准、稳、狠。"准"就是命中率要高;"稳"就是节奏速度约为每分钟 40 次;"狠"就是锤击要有力,动作要有节奏。

4. 錾削站立位置与姿势

錾削操作的姿势与锯削时基本一致。如图 6-12 所示,稳稳地站在台虎钳近旁,与台虎钳中心平面约成 45°角,通常左脚向前半步,与台虎钳中心平面约成 30°角,右脚在后,与台虎钳中心平面约成 75°角,约一锤柄的长度。左腿不要过分用力,膝盖微曲,保持自然。右腿站稳伸直,作为主要支点,两脚成"V"形。左手握錾子使其在工件上保持正确的角度;右手挥锤,使锤头沿弧线运动进行敲击。锤击时眼睛应注视錾刃,以便观察錾削情况,而不应注视錾顶捶击处。

（a）站立位置　　　　　　　（b）錾削姿势（肘挥法）

图 6-12　錾削操作姿势

>>> 任务三　錾子的刃磨和热处理

1. 錾子的刃磨

錾子切削部分的好坏,直接影响到錾削质量和工作效率,可通过正确刃磨錾子,使切削刃锋利。錾子的刃磨要求如下。

① 楔角被錾子中心线等分,油槽錾除外。

② 前刀面与后刀面应光洁、平整和对称。若錾削要求高,如錾削光滑的油槽或加工光洁的表面时,錾子在刃磨后还应在油石上精磨。

③ 錾子的楔角大小应与工件硬度相适应。

④ 刃磨过程中,錾子应经常浸水冷却,以免刃口过热退火。

錾子切削刃的刃磨方法:操作者站在砂轮机的侧面,拿稳錾子,将錾子刃面平放置于砂轮的轮缘上,并略高于砂轮的中心,刃磨时,加在錾子上的压力不应太大,应轻加压力进行刃磨,如图 6-13 所示,錾子在砂轮的宽度方向做左右移动。前刀面与后刀面要交替刃磨,以求对称。用样板检查楔角是否符合要求,如图 6-14 所示。

图 6-13　錾子的刃磨　　　　　　图 6-14　用样板检查楔角

2. 刃磨操作安全规程

① 砂轮外圆柱表面(工作面)必须平整。

② 启动砂轮机后必须先观察旋转方向是否正确,并要等到转速稳定后进行刃磨。

③ 刃磨时,操作者应站立在砂轮机的斜侧位置,不能正对砂轮的旋转方向。

④ 操作者一人进行刃磨,不允许其他人员聚拢围观。

⑤ 刃磨时,必须戴好防护眼镜。

⑥ 禁止戴手套或用棉纱包裹錾子进行刃磨。

⑦ 刃磨时,不要用力过猛,以防打滑伤手。

⑧ 刃磨时,应及时蘸水冷却,以防止刃尖部退火。

⑨ 刃磨结束后应随手关闭电源。

3. 錾子的热处理

錾子的热处理包括淬火和回火两个过程,合理的热处理能保证錾子切削部分的硬度和韧性。热处理过程中,先把錾子切削部分约 20 mm 的长度加热到呈暗樱红色,温度为

750～780 ℃,然后迅速将鏨子切削部分5～6 mm浸入冷水中冷却,如图6-15所示。为了加速冷却,可将鏨子沿水平面微微移动,让微动的水波使淬硬部分与未淬硬部分不出现明显的界线,避免鏨削时鏨子沿分界线断裂。待冷却到露出水面的部分呈黑色时,取出鏨子,利用鏨子上部的余热进行回火,以提高鏨子的韧性。回火的温度可以根据鏨子表面颜色的变化来判断,一般刚出水的刃口颜色是白色,随后变成黄色,再由黄色变成蓝色。当呈黄色时,把鏨子全部浸入冷水中冷却,这称为淬黄火。当呈蓝色时,把

图6-15 鏨子的淬火

鏨子全部浸入冷水中冷却,这称为淬蓝火。淬黄火的鏨子硬度较高,韧性差。淬蓝火的鏨子硬度较低,韧性较好。一般可采用两者之间的硬度——淬黄蓝火。但是要注意的是,鏨子出水后,由白色变成黄色,再由黄色变成蓝色的时间很短,所以要把握好时机,这样才可以获得较高的硬度,又能保持较好的韧性。

4. 热处理安全操作规程

（1）按规定穿戴好工作服、防护目镜、鞋和手套等防护用品。

（2）操作时眼睛不要近距离盯着高温火焰,以免灼伤。

（3）从炉膛取出鏨子时,要先关闭风门;不要用手去拿未冷却透的鏨子。

▶▶▶ 任务四 鏨削方法

1. 鏨削平面

鏨削平面时,主要采用扁鏨,每次鏨削金属厚度为0.5～2 mm,余量太小,鏨子易滑出,而余量太大,鏨削又太费力,且不易将工件表面鏨平。在鏨削加工时,不论是什么形状的工件,都有一个起鏨和终鏨的过程,对鏨削质量的影响很大。开始鏨削时,从工件侧面的尖角处轻轻起鏨,如图6-16(a)所示,鏨子和工件鏨削平面成一负角度,用手锤沿鏨子中心线方向锤击,尖角处与切削刃接触面小,易切入,能较好地控制加工余量,而不致产生滑

（a）斜角起鏨法　　　　　　　　　（b）正面起鏨法

图6-16 平面鏨削起鏨法

移及振跳现象。当錾出一个三角形小面时,把錾子的切削刃放在小平面上,使切削刃全宽参与錾削,按照正常的錾削角度进行錾削加工。图6-16(b)所示为正面起錾法。将錾子的刃口全部抵在工件錾削位置的端面,与工件形成负角,用手锤锤击出一个小面,然后按正常角度錾削。正面起錾法一般适用于錾削直槽或錾断板料等。

（a）正确方法　　（b）错误方法

图 6-17　终錾方法

当錾子快到工件尽头,与尽头相距10 mm左右时,应调头錾削,否则尽头的材料会崩裂,如图6-17所示,对铸件、青铜件等脆性材料尤其应该如此。

錾削较窄平面时,应选用狭錾,錾子的刃口与錾削方向保持一定的角度,如图6-18(a)所示。这样錾削时易稳定錾子,防止錾子左右晃动而使錾出的表面不符合要求。

錾削较大平面时,应先用狭錾在工件上间隔錾削出若干条平槽,如图6-18(b)所示,然后再用扁錾錾去剩余的部分,这样比较省力。

錾平面　　　　錾削线　　　　扁錾

（a）錾削窄平面　　　　　（b）錾削较大平面

图 6-18　錾削平面的方法

2. 錾切板料

在没有剪切设备的场合下,可用錾削方法分割板料或分割形状较复杂的薄板件。

（1）薄板件夹持在台虎钳上錾切　　当工件不大时,将薄板件牢固地夹在台虎钳上,并使工件的錾切线与钳口平齐,扁錾沿着钳口并斜对着薄板件,约成45°角,从右向左錾切,如图6-19(a)所示。斜对着錾切时,扁錾只有部分刃参与錾削,阻力小而容易分割材料,切削出的平面也较平整。錾切时,錾子的刃口不能平对着板料,这样不仅费力,而且錾削中的弹震和变形,容易造成切断口处不平或撕裂,使錾削工件达不到要求,如图6-19(b)所示。

裂缝

（a）薄板的錾切法　　　　（b）错误錾切薄板方法

图 6-19　薄板的錾切

（2）錾切较大尺寸薄板件　当薄板件的尺寸较大而不便在台虎钳上夹持时,应在铁砧或平板上錾切。在板料下面垫上软铁材料,錾削时錾子应垂直于工作台,沿錾切线进行錾切,如图 6-20 所示。

（3）錾切形状较复杂的薄板件　当錾切形状较复杂的薄板件时,为了减少工件变形,一般先按所划出的轮廓线钻出密集的排孔,再用扁錾或狭錾逐步切成,如图 6-21 所示。

图 6-20　较大尺寸薄板件錾切　　　　　图 6-21　形状较复杂的薄板件錾切

3. 油槽的錾削方法

油槽一般起储存和输送润滑油的作用,当用机床无法加工油槽时,可用油槽錾錾开油槽。

錾削油槽前,首先要根据油槽的断面形状和尺寸,对油槽錾的切削部分进行准确刃磨,同时在工件表面需錾削油槽部位准确划线,錾子的倾斜角度需随着曲面而变动,保持錾削时后角不变,这样錾削出的油槽光滑且深浅一致。錾削结束后,用刮刀或砂布等修光槽边毛刺,使槽的表面光滑,如图 6-22 所示。在平面上錾削油槽时,錾削方法与錾削平面基本上一致。

图 6-22　錾削油槽

（1）平面油槽的形式　平面油槽的形式一般有"X"形、"S"形和"8"字形等,如图 6-23 所示。

（a）"X"形　　　　　（b）"S"形　　　　　（c）"8"字形
图 6-23　平面油槽的形式

（2）曲面油槽的形式　曲面油槽的形式一般有"1"字形、"X"形和"王"字形等,如图 6-24所示。

　　(a) "1"字形　　　　　(b) "X"形　　　　　(c) "王"字形

图 6-24　曲面油槽的形式

>>> 任务五　錾削的质量分析及安全知识

1. 錾削的质量分析

造成錾削表面不满足要求的原因如下。

（1）锤击的力度不均匀,錾削基本手法不熟练。

（2）錾子刃口爆裂或刃口不够锋利。

（3）錾子未放正、未握稳。

（4）錾子的錾顶部不正确,受力方向改变。

（5）錾子刃口没有和錾子中心线垂直。

（6）錾削时錾子的后角过大或过小。

（7）起錾量过大。

（8）錾削与尽头相距 10 mm 左右时,未调头錾削。

2. 錾削安全知识

（1）不使用锤柄开裂和松动的手锤。

（2）錾子錾顶部、手锤锤击部和锤柄都不允许沾油,以免滑脱。

（3）錾削时不准戴手套,要戴好防护眼镜。

（4）錾子錾顶部有明显毛刺时,要及时磨掉,以免碎裂伤人。

（5）不允许正对着人进行錾削加工,防止錾屑飞出伤人。

（6）錾子使用过程中,要保持刃口锋利。用过钝的錾子錾削不但费力,錾出的表面不平,还容易打滑、砸手伤人。

（7）规范放置錾削工具,以免砸脚伤人。

（8）錾削疲劳时要适当休息,以免手臂过度疲劳击偏伤人。

孔 系 加 工

孔的加工是钳工工作的重要内容之一。孔加工的方法主要有两类:一类是在实体工件上加工出孔,即用麻花钻、中心钻等进行的钻孔操作;另一类是对已有孔进行再加工,即用扩孔钻、锪孔钻和铰刀进行的扩孔、锪孔和铰孔操作。在钻床上加工工件时,工件固定不动,主运动是刀具做旋转运动,进给运动是刀具沿轴向移动。

任务一 钻 床

1. 台式钻床

台式钻床简称台钻。台钻是一种小型钻床,常见的型号有 Z4013 型台式钻床等。如图 7-1 所示,台式钻床是通常安放在工作台上使用的小型孔加工机床。其特点是:结构简单、操作方便、灵活性大、体积较小。台钻一般用来加工直径不大于 13 mm 的小孔。其主轴变速一般通过改变 V 带在塔式三角带轮上的安装位置来实现,可使主轴获得五种转速,主轴进给靠手动进给手柄来实现。

钻床类型

图 7-1 台式钻床

1—丝杠;2—紧固手柄;3—升降手柄;4—进给手柄;

5—标尺杆;6—头架;7—立柱

2. 立式钻床

立式钻床简称立钻,其主轴轴线在水平面内的位置是固定的,一般用来钻削、扩削、锪削、铰削中型工件上的孔及攻螺纹等。立钻是使用最普遍的钻床,其结构比较完善,最大钻孔直径有 $\phi25$ mm、$\phi35$ mm、$\phi40$ mm 和 $\phi50$ mm 等多种。立钻与台钻相比,其刚度大、功率大,因而允许采用较高的切削用量,生产效率高,加工精度也较高,如图 7-2 所示。

立钻的特点是:其主轴转速和进给量都有较大的变动范围,还可自动走刀,立钻可适应不同材料的加工需求,并可用于钻孔、扩孔、锪孔、铰孔、攻螺纹等。立式钻床适用于单件、小批量生产中的中小型零件的加工。

3. 摇臂钻床

摇臂钻床简称摇臂钻,如图 7-3 所示。摇臂钻床适用于较大型、中型工件上的单孔或多孔加工。摇臂钻床的主轴箱在摇臂上有较大的移动范围,摇臂既可以围绕立柱做 360° 旋转,也可沿立柱上下升降,同时主轴箱还能在摇臂上做横向移动,操作时能快速和准确地调整刀具位置以对准被加工孔的中心,无须移动工件,使用方便灵活。最大钻孔直径为 100 mm,主轴中心线至立柱母线距离最大为 3150 mm,最小为 570 mm。摇臂钻床主轴转速和进给量的变动范围很大,加工范围也很广,可用于钻孔、扩孔、锪平面和铰孔、镗孔、攻螺纹、环切大圆孔等加工。

图 7-2　立式钻床
1—底座;2—工作台;3—主轴;4—进给变速箱;
5—主轴变速箱;6—电动机;7—立柱

图 7-3　摇臂钻床
1—底座;2—工作台;3—立柱;
4—主轴变速箱;5—摇臂

4. 手电钻

在装配和修理工作中,经常要在大的工件上钻孔,或在工件的某些特殊位置钻孔。在不便于使用钻床的场合,可用手电钻钻孔。常用的手电钻有手枪式和手提式,如图 7-4 所示。

(a) 手枪式　　　　　　　　　　(b) 手提式

图 7-4　手电钻

5. 钻床附件

钻床附件主要包括钻头夹具和工件夹具两种。

（1）钻头夹具　常用的钻头夹具有钻夹头和钻套。

① 钻夹头用于装夹直柄头。安装时，先将钻头柄部插入钻夹头的自动定心卡爪内，夹持钻头柄部的长度要大于 15 mm，然后用配套的钻床紧固扳手，顺时针旋转钻夹头外套，使之夹紧钻头。

② 过渡套筒用于装夹锥柄钻头。当锥柄钻头的柄部锥体与钻床主轴锥孔一致时可直接安装，安装时先将钻柄部与主轴锥孔擦拭干净，并使钻头锥柄上的矩形舌部与主轴腰形孔的方向一致，用手握住钻头，利用向上的冲力一次安装完成。当钻头锥柄小于主轴锥孔时，应添加锥套来连接。锥柄钻头的拆卸是利用斜铁来完成的，拆卸时，将斜铁敲入锥套或主轴上的长方通孔内，斜铁沿斜面朝下，利用斜铁沿斜面向下的分力使钻头与锥套或主轴分离。

（2）工件夹具　钻孔时根据工件的形状、大小及孔中心线的倾斜程度等要求来选择合适的装夹工具。装夹工具一般有手虎钳、平口钳、大力钳、螺栓压板等。

》》》 任务二　钻　　头

钻头是钻孔过程中应用的切削刀具，其种类繁多，根据结构特点和用途分为麻花钻、中心钻、深孔钻、充气钻、扁钻等。

1. 标准麻花钻

麻花钻是最常用的一种钻头。麻花钻由柄部、颈部和工作部分组成，如图 7-5 所示。材料一般为高速钢，常用的牌号有 W18Cr4V 和 W6Mo5Cr4V2，淬硬后的硬度为 62～68 HRC。硬质合金钻头的工作部分为嵌焊硬质合金刀片，其硬度可达 69～80 HRC，常用的牌号有 YG8 和 YW2。

（1）麻花钻的柄部　它用于装夹，并可传递扭矩和轴向力。柄部有锥柄和直柄两种，一般直径大于 13 mm 的钻头做成锥柄，13 mm 以下的钻头做成直柄。直柄所传递的扭矩较小，在锥柄的顶端有一扁尾，其不仅能增加传递扭矩，又能避免工作时钻头打滑，在拆卸时，可供斜铁压下扁尾卸出钻头。

（2）麻花钻的工作部分　工作部分是由切削部分和导向部分组成的，起切削、导向和修光孔壁的作用。

麻花钻切削部分的几何形状主要由六面（两个前刀面、两个主后刀面和两个副后刀

（a）锥柄麻花钻

（b）直柄麻花钻

图 7-5　麻花钻

面）、五刃（两条主切削刃、两条副切削刃和一条横刃）、四角（顶角、前角、后角、横刃斜角）组成，如图 7-6 所示。

图 7-6　麻花钻的切削部分

1—前刀面；2—主切削刃；3—主后刀面；4—副切削刃；5—副后刀面；6—螺旋槽；7—横刃

① 前刀面。前刀面是指切削部分的螺旋槽表面。

② 主后刀面。主后刀面是指切削部分顶端的螺旋圆锥表面，加工时与工件切削部分相对。

③ 副后刀面。副后刀面是指与已加工表面相对的钻头棱边。

④ 主切削刃。主切削刃是指前刀面与主后刀面所形成的交线。

⑤ 副切削刃。副切削刃是指前刀面与副后刀面所形成的交线。

⑥ 横刃。横刃是指两主后刀面形成的交线。横刃太短会影响钻尖的强度，横刃太长会使轴向抗力增大，影响钻削效率。

⑦ 前角。前角是前刀面与基面所形成的夹角。由于麻花钻的前刀面为一螺旋面，沿主切削刃各点的倾斜方向不同，因此主切削刃各点的前角大小不同。麻花钻前角的大小与螺旋角、顶角、钻心直径等有关。对其影响最大的是螺旋角，螺旋角越大，前角也就越大，前角越大，切削就越省力。由于螺旋角随直径的大小而改变，因此前角也是变化的，前角靠近外缘处最大，约为 30°，自外缘向中心逐渐减小，靠近横刃处前角为负。

⑧ 后角。后角是切削平面与主后刀面的夹角。后角的作用是减少主后刀面与切削面间的摩擦。主切削刃上各点后角是不相同的，外缘处最小，自外向内逐渐增大，对于直径为 15～30 mm 的麻花钻，外缘处的后角为 9°～12°，钻心处的后角为 20°～26°，横刃处的后角为 30°～60°。

⑨ 顶角。顶角是指钻头两主切削刃在其平行平面内投影的夹角。顶角的大小影响前角、切削厚度、切削宽度、切屑排出方向、切削力、表面粗糙度、孔的扩张量和外缘转折点的散热条件。标准麻花钻的顶角一般为 118°±2°，顶角为 118° 时两主切削刃呈直线；大于

118°时两主切削刃呈内凹形；小于118°时两主切削刃呈外凸形。

⑩ 横刃斜角。横刃斜角是在垂直于钻头轴线的端面投影中，横刃与主切削刃之间所夹的锐角。它与后角、顶角的大小有关。横刃斜角一般为 $50° \sim 55°$。

导向部分在切削部分切入工件后起导向作用，也是切削部分的后备部分。为了减少导向部分与孔壁之间的摩擦，其外径磨有倒锥。导向部分各组成要素如下。

① 螺旋槽。钻头的导向部分有两条螺旋槽，它的作用是构成切削刃，排出切屑和使切削液流通。

② 棱边。在切削过程中，为了减少钻身与孔壁之间的摩擦，在沿螺旋槽一侧的圆柱表面上制出了两条略带倒锥的凸起刃带，这就是棱边。棱边同时也是切削部分的后备部分，具有一定的修光孔壁的作用。

手电钻与钻头

③ 钻心。为保证麻花钻有足够的强度，钻心沿钻柄方向做成正锥体。

（3）麻花钻的颈部　颈部是指柄部和工作部分之间的部位，是磨削麻花钻时的退刀槽，也可在此打印钻头的规格、材料和商标等。

2. 群钻

群钻是通过对标准麻花钻切削部分几何形状的合理化刃磨，使其成为具有加工精度高、适应性强、使用寿命长等特点的新型钻头。在此介绍标准群钻和薄板群钻。

（1）标准群钻　标准群钻主要用来钻削碳钢和各种合金钢，如图7-7所示，其刃形主要特点是"七刃、三尖、两种槽"。七刃是指一条横刃和分成三段的主切削刃，即外刃——AB段（两条）、圆弧刃——BC段（两条）、内刃——CD段（两条）。三尖是指由磨出的月牙槽和主切削刃形成的三个尖。两种槽是指两个月牙槽和一个单边分屑槽。

图7-7　标准群钻

（2）薄板群钻　薄板群钻是用来专门钻削薄板的钻头，如图 7-8 所示。薄板群钻又称为三尖钻，其刃形特点是两主切削刃磨成圆弧形，使主切削刃外缘形成锋利的刀尖，即两主切削刃外缘的刀尖与钻心刀尖构成了三尖。两主切削刃外缘的刀尖与钻心刀尖在高度上仅相差 0.5～1.5 mm，保证了钻心刀尖的定心作用，而且在钻心刀尖尚未钻穿时，两主切削刃外缘的刀尖就已经在工件上划出了圆环槽，大大地提高了钻孔质量和钻孔安全性。

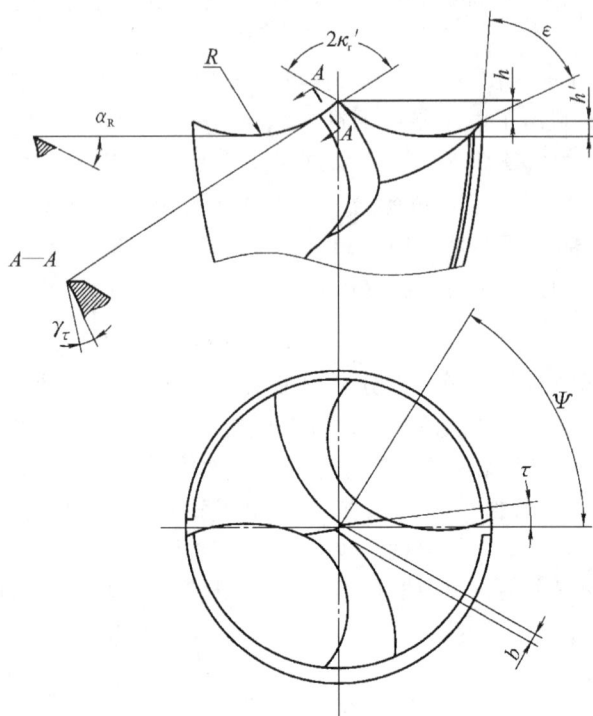

图 7-8　薄板群钻

厚度在 2 mm 以下的钢板、马口铁称为薄板。在薄板上钻孔，不能用标准麻花钻，这是因为薄板的刚度小，容易变形。由于标准麻花钻的钻尖比较高，当钻尖钻穿工件时，钻尖立即失去定心作用，同时轴向力突然减小，会导致工件发生抖动和移动，使钻出的孔不圆，孔口的毛边很大，而且常因突然切入而发生扎刀、钻头折断，甚至工件脱离甩出等事故。

3. 麻花钻的刃磨

1）标准麻花钻的缺点

通过对标准麻花钻切削部分参数的分析，可知标准麻花钻存在以下几个缺点。

（1）主切削刃上的各点前角的变化很大，靠近横刃处有 1/3 长度范围的主切削刃前角为负值，切削条件差，形成很大的轴向分力。

（2）横刃过长，副前角很大，工作时挤压刮削，切削条件差，且横刃过长，会导致定心效果比较差，容易产生振动，从而影响钻孔质量。

（3）切屑厚度沿切削刃分布不匀，在外缘处切削厚度大，而且该处切削速度最高，副后角为零，刃带与孔壁摩擦很大，外缘处切削负荷很大，导致磨损严重并影响钻头寿命。

（4）主切削刃很长且全部参加切削，各处切屑排出的速度相差很大，切屑卷曲成螺旋状,容易堵塞螺旋槽,导致排屑不畅,切削液难以流入切削区。

（5）钻头材料的耐热性和耐磨性仍不够高。

（6）横刃前后角与主切削刃后角相互关联,不好分别控制。

2）砂轮知识

（1）氧化铝砂轮　又称刚玉砂轮,分为普通氧化铝砂轮和白色氧化铝砂轮,常用的有棕刚玉（A）、白刚玉（WA）、铬刚玉（PA）三种。氧化铝砂轮的颜色分为白色、灰色、褐色、紫褐色,多为白色,其砂粒韧性好,比较锋利,硬度较低,适合刃磨高速钢钻头和硬质合金钻头的刀柄部分。

（2）碳化硅砂轮　碳化硅砂轮常用的有绿碳化硅（GC）和黑碳化硅（C）两种,其砂粒硬度较高,切削性能好,但是比较脆,适合刃磨硬质合金钻头。

（3）砂轮磨料粒度号　磨料粒度号按照颗粒大小共分为 41 个号,常用的粒度号为 16♯、24♯、30♯、36♯、46♯、60♯、70♯、80♯、100♯、120♯、150♯、180♯、220♯、240♯等。

（4）硬度等级　硬度等级分为 7 个大级、14 个小级,如表 7-1 所示。

表 7-1　硬度等级及代号

硬度等级	超软	软	中软	中	中硬	硬	超硬
旧代号	CR	R1、R2、R3	ZR1、ZR2	Z1、Z2	ZY1、ZY2、ZY3	Y1、Y2	CY
新代号	F	G、H、J	K、L	M、N	P、Q、R	S、T	Y

3）砂轮的选择

刃磨高速钢钻头一般采用粒度为 F46～F80、硬度等级为中软级（K、L）的氧化铝砂轮。刃磨硬质合金钻头一般采用粒度为 F36～F60、硬度等级为中软级（K、L）的碳化硅砂轮。

4）麻花钻的刃磨

钻头刃磨时的握法:右手大拇指与其他四指上下相对握住钻头的头部,左手大拇指与其他四指相对握住钻头的柄部,两手共同配合以控制钻头的刃磨,如图 7-9 所示。

图 7-9　麻花钻的刃磨握法

（1）修磨主切削刃　为保证钻削质量，需要对主切削刃进行修磨，以保证麻花钻的顶角合理，两主切削刃的长度相等，如图 7-10 所示。修磨出第二顶角和过渡刃，一般第二顶角为 70°～75°，过渡刃为 0.2D。修磨可增加主切削刃的总长度和刀尖角，从而增加刀齿强度，改善散热条件，提高主切削刃交角处的耐磨性并延长钻头的使用寿命，还有利于降低孔壁的表面粗糙度值。

（2）修磨前刀面　为了提高钻削效率，可对其前刀面进行修磨。适当修磨钻头主切削刃和副切削刃交角处的前刀面，可减小该部位的前角，如图 7-11 所示。在钻削硬材料时，可提高刀齿的强度；在钻削黄铜和软材料时，可避免因切削刃过于锋利而引起的扎刀现象。

图 7-10　修磨主切削刃

图 7-11　修磨前刀面

（3）修磨横刃　修磨横刃是最基本、也是最重要的一种修磨形式，对钻削性能的改善有明显的效果。为改善钻头的定心作用和切削的稳定性，对于直径在 5 mm 以上的麻花钻头，可对其横刃进行修磨。修磨后的横刃长度为原来长度的 1/5～1/3，并形成内刃，内刃斜角为 20°～30°，内刃处前角为 -15°～0°。横刃修磨后靠近钻心处的前角增大，轴向抗力减小，挤乱现象减少，定心作用也得到较大的改善，如图 7-12 所示。

（4）修磨棱边　为了减少棱边对孔壁的摩擦，延长钻头的使用寿命，可对其棱边进行修磨，如图 7-13 所示。在靠近主切削刃的一段棱边上磨出副后角，为 6°～8°，并保留原来 1/3～1/2 的棱边宽度。由于棱边的修磨在砂轮外圆柱棱角上进行，因此对砂轮的要求是：一砂轮外圆柱面要平整；二外缘棱角一定要清晰。

图 7-12　修磨横刃

图 7-13　修磨棱边

（5）修磨分屑槽　为了排屑顺利，直径在 15 mm 以上的麻花钻头，可在其两个主后刀面上磨出几条相互错开的分屑槽,如图 7-14 所示。这样可弥补钻头主切削刃长、切屑较宽的不足,使切屑变窄,排屑顺利,尤其适用于钻削钢料。由于分屑槽的修磨是在砂轮外圆柱棱角上进行的,因此对砂轮的要求是外圆棱角一定要清晰。

（a）后面分屑槽　　　　　　　（b）前面分屑槽

图 7-14　修磨出分屑槽

(6) 修磨过渡刃　由于钻头主切削刃外缘处切削速度最高,磨损最快。因此,可在外缘处磨出过渡刃,过渡刃长度为主切削刃的 1/3,过渡刃顶角为 $70° \sim 75°$,以改善外缘处的切削条件,从而延长钻头寿命并减小孔的表面粗糙度,如图 7-15 所示。

(7) 刃磨检验方法　钻头几何角度和对称度是否准确必须通过检验来判断,常见的方法是目测,也可用检验样板进行检验,如图 7-16 所示。

图 7-15　修磨过渡刃

图 7-16　样板检查钻头刃磨角度

5) 钻头刃磨操作安全规程

(1) 修平砂轮外圆柱表面,修小砂轮圆角半径。

(2) 开启砂轮机后必须先观察砂轮旋转方向是否正确,并等到转速稳定后方可进行刃磨。

(3) 刃磨时,操作者应站在砂轮机的斜侧位置,不能正对砂轮。

(4) 刃磨时,必须戴好防护眼镜。

(5) 严禁戴手套或用棉纱等包裹刃磨钻头,以免被高速旋转的砂轮卷入造成伤害。

(6) 刃磨时,不要用力过猛,以防振动打滑打手。

(7) 刃磨高速钢钻头时,应及时蘸水冷却,以防止切削部分退火。

(8) 刃磨结束后应及时关闭电源。

任务三 钻削方法

1. 工件的装夹

钻 8 mm 以下小孔时,可以用手握持工件来钻孔,钻孔时用力要合适,工件上要倒角;钻孔直径超过 8 mm,且工件小,不能用手握持时,必须用手虎钳或平口钳夹持;在圆柱形工件上钻孔时,要用 V 形铁和压板夹紧;钻大孔或不便用平口钳夹紧的工件时,可直接用压板、螺栓和可调垫铁把工件固定在钻床工作台面上;钻孔时,应根据工件形状、孔的位置、精度要求等,采取相应的装夹方法,如图 7-17 所示。

(a)用螺钉靠住长工件　　(b)用手虎钳夹持

(c)用V形铁装夹工件

压板
可调垫铁
工件

(d)用压板、螺栓与可调垫铁装夹　　(e)用平口钳装夹工件

图 7-17　钻孔工件的装夹

2. 一般工件划线钻孔的方法

(1) 工件的划线　根据图纸要求,划出孔的十字中心线;打中心样冲眼;按孔直径划出检查圆;再将中心样冲眼重打加大,便于钻头定心,并用小钻头试钻;如果所钻孔直径较大,则可同时划出几个大小不等的检查圆,便于试钻时及时校正偏心;应尽量在孔的两面划线,并打上中心样冲眼。

(2) 钻头的装夹　钻头通过钻夹头或钻套来夹持。

(3) 工件的装夹　参照钻孔时工件的装夹方法进行。

(4) 钻削用量的选择　钻削时钻床主轴的转速、进给量和钻削深度统称为钻削用量。经实践得出,钻削用量的选择应根据工件材料、孔的精度、孔壁表面粗糙度和钻头直径等

要求来确定。转速高,进给量小,适合钻小孔;转速低,进给量大,适合钻大孔;当工件材料较硬时,进给量和转速都相应降低;当工件材料较软时,进给量和转速都相应升高;应该注意的是,在硬材料上钻小孔时,转速不能太高。

（5）试钻　钻孔时,先用钻尖对准圆心处的冲眼钻出一个小浅坑,观察浅坑的圆周与加工线的同心程度,若无偏移,可继续钻孔;若发生偏移,则应利用移动工作台将工件向偏位的反方向推移、使用摇臂钻时移动钻床主轴、在借正方向上打几个中心样冲眼或用狭錾錾出几条槽等方法,直到找正为止。

（6）手动钻削　试钻完成后,即开始手动进给钻削。钻削时进给量要适当,进给量太大,钻头容易折断,孔易歪斜;钻小孔时,进给量要小,并经常提钻排屑;当钻进深度达到直径的3倍时,钻头就要退出排屑。当钻头将钻至要求深度或将钻穿孔时,要减小进给量。特别是通孔将要钻穿时,轴向阻力逐渐减小,钻头将以很大的进给量自动切入,容易出现钻头折断、工件移位甚至提起工件等现象。当钻削直径超过30 mm的大孔时,可分两次钻削。钻孔过程中需要检查时,应先停机,再检查,避免出现事故。

（7）加注切削液　钻削时,为了使钻头能及时散热冷却,减少钻头与工件、切屑之间的摩擦,钻孔时需要加切削液,这样可延长钻头的使用寿命,改善工件的表面质量。钻钢件时,可用3%～5%的乳化液;钻铸铁时一般不需要加注切削液,如需使用,可持续加注5%～8%的乳化液。

钻削的方法

3. 钻半圆孔的方法

（1）把两件合起来或用同样材料的垫块与工件并在一起钻,如图7-18(a)所示。

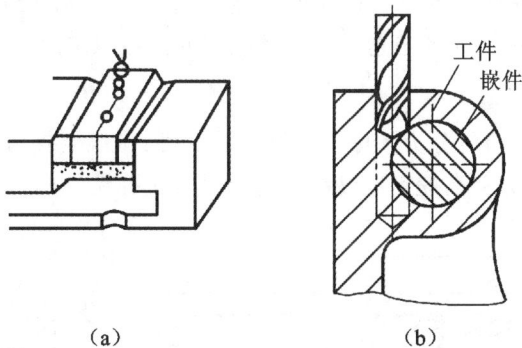

图7-18　钻半圆孔

（2）把同样的材料镶嵌在工件内,钻孔后去掉这块材料,就形成了缺圆孔,如图7-18(b)所示。

4. 钻斜面上的孔的方法

（1）先用样冲打一个较大的中心点,或用中心钻钻出中心孔,或用錾子在斜面上錾出一个小平面,或用铣刀在斜面上铣削出一个小平台,再用钻头钻孔,如图7-19(a)所示。

（2）先使斜面处于水平位置,夹紧工件,用钻头钻出一个浅坑,再使斜面倾斜一点装夹,将浅坑钻大,经几次倾斜后,放正工件开始钻孔。

（3）使用斜面钻套保护,在斜面上直接钻孔,如图7-19(b)所示。

图 7-19　钻斜面上的孔

（a）　　　　　　　　　　　（b）

5. 钻骑缝孔的方法

图 7-20　钻骑缝孔

（1）钻头伸出钻夹头的长度应尽量短些,横刃应磨得较尖些。

（2）若两种零件材料不同,可采用"借料"的方法,样冲眼应偏向硬材料,并在钻孔时使钻头略往硬材料一边偏,如图 7-20 所示。

》》》 任务四　扩　　孔

用扩孔工具扩大工件上已有孔的加工操作称为扩孔。扩孔具有导向性好、加工质量好、排屑容易、生产效率高等特点。扩孔的公差可达 IT10～IT9 级,表面粗糙度 Ra 可达 6.3～3.2 μm。扩孔常作为孔的半精加工和铰孔前的预加工工序。

1. 扩孔钻

扩孔钻按照刀体结构可分为整体式和镶片式两种;按照装夹方式可分为直柄、锥柄和套式三种;按照材料可分为高速钢和硬质合金两种。扩孔钻结构与扩孔如图 7-21 所示。

图 7-21　扩孔钻结构与扩孔

1—工作部分;2—切削部分;3—校准部分;4—颈部;5—柄部;6—主切削刃;
7—前刀面;8—刃带;9—扩孔钻;10—工件;11—扩孔余量

2. 扩孔钻的特点

（1）扩孔钻中心不切削,所以没有横刃,可避免由横刃引起的不良影响。

（2）扩孔产生的切屑体积小,容屑槽浅,排屑容易。

（3）扩孔钻的强度高、刚度大、齿数多、导向性好，可采用较大的切削用量，提高效率。

（4）扩孔时切削深度小，切削阻力小，切削省力。

3. 毛坯扩孔群钻扩孔

由于铸锻毛坯件上的预留孔有孔壁形状不规则、孔端面不平整等缺陷，扩孔余量不均匀，这样就容易导致在扩孔时发生钻头偏斜，甚至折断的现象。因此，需要对麻花钻的刃形进行改变，在主切削刃上磨出凹圆弧刃。两外刃的刃尖高于钻心，避免了因内刃与毛坯孔壁先接触而产生的偏心切削现象，保证了两外刃能够顺利地切入工件。毛坯扩孔群钻的刃形如图 7-22 所示。

图 7-22　毛坯扩孔群钻

4. 扩孔钻的精度分类

标准高速钢扩孔钻按直径精度分 1 号扩孔钻和 2 号扩孔钻两种。1 号扩孔钻用于铰孔前的扩孔，2 号扩孔钻用于精度为 H11 孔的最后加工。硬质合金锥柄扩孔钻按直径精度分四种：1 号扩孔钻一般适用于铰孔前的扩孔，2 号扩孔钻用于精度为 H11 孔的最后加工，3 号扩孔钻用于精铰孔前的扩孔，4 号扩孔钻一般适用于精度为 D11 孔的最后加工。硬质合金套式扩孔钻分两种精度：1 号扩孔钻用于精铰孔前的扩孔，2 号扩孔钻用于一般精度孔的铰前扩孔。

5. 扩孔方法和步骤

（1）选择扩孔钻的类型　扩孔钻的结构类型比较多，应根据所扩孔的孔径大小、位置、材料、精度等级及生产批量选择。

（2）选择扩孔的切削用量　扩孔的切削速度为钻孔的 1/2，进给量为钻孔的 1.5～2 倍。用于最后加工的扩孔钻直径应等于孔的基本尺寸，预钻孔的直径为扩孔钻直径的

0.5～0.7倍。铰孔前所用扩孔钻直径应等于铰孔后的基本尺寸减去铰削余量。铰孔余量
如表 7-2 所示。

表 7-2　铰孔余量　（mm）

扩孔钻直径 D	<10	10～18	18～30	30～50	50～100
铰孔余量 A	0.2	0.25	0.3	0.4	0.5

扩钻精度较高的孔或扩孔工艺系统刚度较小时应取较小的进给量；工件材料的硬度、
强度较大时，应选择较低的切削速度。

》》》 任务五　锪　　孔

用锪钻对孔口形面锪削加工的方法称为锪孔，锪孔所用的刀具统称为锪钻。

1. 锪钻的种类和用途

锪钻分为锥形锪钻、柱形锪钻、端面锪钻三种，如图 7-23 所示。

（a）锥形锪钻　　　　（b）柱形锪钻　　　　（c）端面锪钻

图 7-23　锪钻

（1）锥形锪钻　用于加工沉头螺钉的沉头孔和孔口倒角。锥形锪钻齿数为 4～12 个，
锥角有 60°、75°、90°和 120°等几种，一般 90°的锥形锪钻用得最多。

（2）柱形锪钻　用于加工螺钉的柱形沉头孔。柱形锪钻的端面刀刃起主切削的作用，
螺旋槽斜角就是它的前角。柱形锪钻前端有导柱，导柱直径与工件上已有孔的直径采用
紧密的间隙配合，保证锪孔时有良好的定心和导向。柱形锪钻有套装式和整体式两种。

（3）端面锪钻　用于锪削螺栓孔凸台等表面。端面锪钻仅在端面上有切削刃，为了保
证端面和孔轴线垂直，端面锪钻也带有导柱。

2. 锪孔的操作要点

锪孔方法与钻孔方法基本相同。锪削加工中容易产生的主要问题是由于刀具的振
动，锪削的端面或锥面上出现振痕。为了避免这种现象，要注意以下几点。

（1）用麻花钻改制的锪钻要尽量短，以减少锪削加工中的振动。

（2）锪钻的后角和外缘处的前角不能过大，以防止扎刀，主后刀面上要修磨消振棱。

（3）锪孔时的切削速度要比钻孔时的切削速度低，一般为钻孔速度的 1/3～1/2。也

可以利用钻床停机后主轴的惯性来锪削,这样可以最大限度地减少振动,以获得光滑的表面。

(4) 锪钻的刀杆和刀片都要装夹牢固,工件要压紧。

(5) 锪削钢件时,要在导柱和切削表面加些机油进行润滑。

(6) 当锪至要求深度时,停止进给后应让锪钻继续旋转几圈,然后再提起。

》》》 任务六　铰　　孔

用铰刀从已经加工的孔壁上切除微量金属层,以提高其尺寸精度和降低表面粗糙度的操作称为铰孔。铰孔精度一般可达 IT9～IT7,表面粗糙度 Ra 可达 3.2～0.8 μm。铰孔主要应用于机床上重要零部件的定位,以及装配与安装时的配钻与配铰。

1. 铰刀

(1) 铰刀的种类　铰孔常用的刀具是铰刀。铰刀是尺寸精确的多刃刀具,其具有切削余量小、导向性好、切削阻力小等优点。铰刀使用范围广,种类比较多:按使用方式可分为手用铰刀和机用铰刀两种;按铰刀结构可分为整体式铰刀、镶齿式铰刀和调节式铰刀等;按容屑槽的外形可分为直槽式铰刀、斜槽式铰刀和螺旋式铰刀;按切削部分材料可分为高速钢铰刀和硬质合金铰刀;按铰刀的外形可分为圆柱形铰刀和圆锥形铰刀。钳工常用的铰刀有手用铰刀和机用铰刀两种,如图 7-24 所示。

(2) 铰刀的组成　铰刀由柄部、颈部和工作部分组成。

① 柄部是用来装夹、传递扭矩和进给力的部分,有直柄和锥柄两种。

② 颈部是磨制铰刀时供砂轮退刀用的,也用来刻印商标和规格。

③ 工作部分分为切削部分和校准部分。切削部分用于切除铰孔余量;校准部分起引导铰刀头部进入孔内、定向和修光孔壁的作用。刀齿数一般为 6～16 齿。为消除铰孔时出现的周期性振纹,手用铰刀采用不等距分布刀齿的方法,如图 7-25 所示。

(a) 手用铰刀

(b) 机用铰刀

图 7-24　铰刀

图 7-25　手用铰刀不等距分布的刀齿

(3) 铰刀的材料　机用铰刀一般用高速钢材料制造,手用铰刀用高速钢和高碳钢材料制造。出厂的高速钢常用标准铰刀,一般均留有 0.005～0.02 mm 的研磨量,使用时按照所需尺寸研磨。不经过研磨的新铰刀也可用来直接铰削。

2. 铰削用量

(1) 铰削余量　铰刀铰削余量的大小,对孔的铰削质量,尤其是表面粗糙度和尺寸精度会有很大影响。余量太大,会加剧刀具的磨损,并产生较大的切削热,影响铰削质量。余量太小,则不能去除上道工序残留的全部刀痕,达不到表面粗糙度的要求。在一般情况下,选择铰削余量时,应考虑孔径尺寸、工件材料、精度、表面粗糙度、铰刀类型及上道工序的加工质量等因素的综合影响,如表 7-3 所示。对于孔径大于 20 mm 的孔,可先钻孔,再扩孔,最后铰孔。

表 7-3 铰削余量的选用 (mm)

铰孔直径	<6	6～19	19～30	30～50
铰削余量	0.1～0.2	0.2～0.25	0.25～0.3	0.3～0.5

(2)机铰切削速度 机铰时为了获得较小的表面粗糙度值,必须避免产生积屑瘤,减少切削热及变形,应取较小的切削速度。用铰刀铰钢件时,切削速度应小于 8 m/min;铰铸铁件时,切削速度应小于 10 m/min;铰铜件时,切削速度应小于 12 m/min。

(3)机铰进给量 用铰刀铰钢件时,进给量可取 0.4 mm/r;铰铸铁件时,进给量可取 0.8 mm/r;铰铜件、铝件时,进给量可取 1.2 mm/r。

(4)切削液 铰削时必须选用适当的切削液来减少摩擦并降低刀具和工件的温度,防止细碎切屑黏附在铰刀刀刃上及孔壁之间,使孔壁表面产生划痕,影响表面质量,因此铰孔时需选用合适的切削液进行清洗、润滑和冷却。切削液的选用可参照表 7-4。

表 7-4 铰孔时切削液的选用

加 工 材 料	切 削 液
钢	①10％～20％乳化液 ②30％工业植物油加 70％的乳化液 ③高精度铰削时,用工业植物油、柴油等
铸铁	①可不用 ②煤油,但会引起孔缩小,最大收缩量可达 0.02～0.04 mm ③3％～5％的乳化液
铝	①2 号锭子油 ②煤油与工业植物油的混合油
铜	①2 号锭子油 ②工业植物油

3. 手用铰刀的铰削方法

(1)工件要正确装夹,应尽可能使轴线处于垂直与水平位置。

(2)在手动起铰时,应用右手在沿铰孔轴线的方向上施加压力,左手转动铰刀,保证铰刀能顺利引进,避免孔口扩大或呈喇叭形。

(3)双手握住铰杠柄,用力要平稳、均匀,不应施加侧向力,要均匀进给。

(4)铰削过程中,要变换每次停歇的位置,要避免在同一处停歇而形成振痕。

（5）在铰削过程中或退出铰刀时，铰刀不能反转，退出时也要边正向旋转边向上提起铰刀。防止铰刀反转磨损刀刃，切屑卡在孔壁和主后刀面之间，将孔壁拉毛。

（6）铰削不通孔时，切屑碎末容易黏附在刀齿上，应经常退刀，清除切屑。

（7）铰削过程中，如果铰刀被卡住，不能猛力转动铰杠，以防止折断铰刀或崩刃。应谨慎退出铰刀，清除切屑并检查铰刀。

4. 机用铰刀的铰削方法

（1）要选择合适的铰削余量、切削速度和进给量。

（2）工件在一次装夹中，完成钻孔、扩孔和铰孔全部工序，保证钻床主轴、铰刀和工件孔三者的同轴度。

（3）铰通孔时，铰刀校准部分不能全部出头，否则孔口处易被刮坏，而且退出铰刀也比较困难。

（4）铰削过程中，应及时注入足够的切削液，以清除黏附在刀齿上的切屑和降低温度。

（5）铰孔完成后，应退出铰刀后再停机，防止孔壁拉伤。

5. 铰削圆锥孔的方法

（1）铰削尺寸比较小的圆锥孔时，先按圆锥孔小端直径并留铰削余量钻出圆柱孔，对孔口按圆锥孔大端直径倒角45°，再用圆锥铰刀铰削。铰削过程中要用相配的锥销来检查孔径尺寸。

（2）铰削尺寸比较大的圆锥孔时，为了减小铰削余量，铰孔前需要先钻出阶梯孔，如图7-26所示。1：50圆锥孔可钻两节阶梯孔；1：10圆锥孔和莫氏锥度的孔可钻三节阶梯孔。三节阶梯孔预钻孔直径的计算公式如表7-5所示。

图 7-26　预钻阶梯孔

表 7-5　三节阶梯孔预钻孔直径计算

圆锥孔大端直径 D	$d+LC$
距上端面 $L/3$ 的阶梯孔直径 d_1	$d+\dfrac{2}{3}LC-\delta$
距上端面 $2L/3$ 的阶梯孔直径 d_2	$d+\dfrac{1}{3}LC-\delta$
距上端面 L 的孔径 d_3	$d-\delta$

注：d—圆锥孔小端直径（mm）；L—圆锥孔长度（mm）；C—圆锥孔锥度；δ—铰削余量（mm）。

6. 可调节式圆柱铰刀的铰削方法

根据铰孔直径选择适当规格的可调节式圆柱铰刀,通过旋转两端螺母轴向移动刀片,用千分尺测量铰刀直径,将铰刀直径调整到略小于被铰孔径的尺寸,旋紧两端螺母进行试铰。当铰削深度达到 2 mm 左右时,退出铰刀,检测孔口直径,如不符合要求,应重新调整,调整完毕,再试铰,再检测,直至孔径符合要求,方可进行铰削。

7. 铰削的操作要点

(1)铰刀是精加工刀具,要注意保护刃口,避免碰撞,刃口若有毛刺或切屑黏附,可用油石小心地磨去。

(2)铰刀排屑功能差,须经常退出清理切屑,防止卡住铰刀。

(3)铰削中定位圆锥孔时,由于锥度小,容易产生自锁,因此在铰削时,进给量不能太大,防止铰刀被卡住或折断。

(4)铰削完成后,要将铰刀擦拭干净,涂上机油。

学习情境八 攻螺纹与套螺纹

螺纹的加工方法很多,在钳工操作中,用手工操作的方法进行攻螺纹和套螺纹加工的占比很大。用丝锥在工件孔中加工出内螺纹的方法称为攻螺纹;用板牙在圆柱杆上加工出外螺纹的方法称为套螺纹,如图8-1所示。

（a）攻螺纹　　　（b）套螺纹

图 8-1　攻螺纹与套螺纹

任务一　攻　螺　纹

1. 丝锥与铰杠

1）丝锥

丝锥是钳工加工内螺纹的工具,丝锥的外形和螺钉相似,为了承担切削工作,在丝锥的端部磨出切削锥,并沿纵向开槽以容纳切屑及得到前角,它是加工内螺纹并能直接获得螺纹尺寸的一种攻螺纹刀具。丝锥常用高速钢、碳素工具钢或合金钢制成。其结构简单,使用方便,应用十分广泛。对于中小尺寸的螺纹孔,丝锥往往是唯一的加工刀具。

（1）丝锥的种类　丝锥按照加工螺纹的种类不同分为普通三角螺纹丝锥、圆柱管螺纹丝锥和圆锥管螺纹丝锥;按照使用方法的不同分为手用丝锥和机用丝锥两类。

手用普通螺纹丝锥分粗牙和细牙两种,可攻通孔或不通孔螺纹,它常用于单件小批量生产或各种修配工作。将2支或2支以上丝锥为一组,依次使用一组丝锥完成一个螺纹孔的切削加工,这样的一组丝锥称为成组丝锥,以减轻每支丝锥的单齿切削负荷。成组丝锥有两种形式,即等径丝锥和不等径丝锥,如图8-2所示。

① 等径丝锥。一般2或3支丝锥为一组,头锥、二锥和三锥的大径、中径和小径都相同,不同的只是切削锥长度和切削锥角。在加工通孔螺纹时,只需要使用头锥就可一次加工完螺纹成品尺寸,效率较高。但是这种丝锥所承受的负载大,丝锥容易磨损,而且加工

（a）锥形分配

（b）柱形分配

图 8-2　成组丝锥的切削用量分布

1—头锥；2—二锥；3—三锥

的螺纹精度较差，表面粗糙度较大。

② 不等径丝锥。一组丝锥中，每支丝锥的大径、中径和小径都不相同，只有三锥配合才具有螺纹要求的轮廓和尺寸。此外，每支丝锥的切削锥长度和切削锥角也各不相同，这种丝锥可以保证各个锥的切削负荷分配合理，因此加工螺纹省力，丝锥磨损均匀，加工的螺纹精度和表面粗糙度都较好。但它的头锥、二锥不能单独使用，只有采用三锥加工，才能使螺纹参数符合要求。

在国家工具标准中，将高速钢磨牙丝锥命名为机用丝锥。机用普通螺纹丝锥也分粗牙和细牙两种。丝锥通过攻螺纹夹头装夹在机床上使用，用于较大批量和直径较大的螺纹孔加工。

（2）丝锥的构造　丝锥主要由柄部和工作部分组成，工作部分包括切削部分和校准部分，切削部分承担主要的切削任务，牙型由浅入深，逐渐变得完整，保证丝锥容易攻入孔内，并使各牙切削的金属量大致相等；柄部的方榫插入丝锥铰杠中，用来传递扭矩。常用的丝锥有 3～4 条容屑槽，丝锥容屑槽的多少，取决于丝锥的类型、直径尺寸及加工条件等。槽的形状有助于形成切削部分锋利的切削刃和前角，并可容纳切屑。端部磨出锥角，切削负荷分布在几个刀尺上，受力均匀和切削省力。校准部分有完整的牙型，主要用来校准和修光已切出的螺纹。对于丝锥螺纹公差带：机用丝锥有 H1、H2 和 H3 三种；手用丝锥有 H4 一种。

（3）丝锥切削部分的几何参数。

① 前角的选择。丝锥的前角主要根据被加工材料选择。一般常见的丝锥公称切削前角为 8°～10°。在实际使用中，丝锥前角的选择如表 8-1 所示。

表 8-1　丝锥前角的选择

被加工材料	前角/(°)	被加工材料	前角/(°)
铸青铜	0	中碳钢	10
铸铁	5	低碳钢	15

被加工材料	前角/(°)	被加工材料	前角/(°)
高碳钢	5	不锈钢	15～20
黄铜	10	铝、铝合金	20～30

② 后角的选择。丝锥的后角是通过铲磨获得的。一般常见的丝锥公称切削后角为 4°～6°，机用丝锥切削后角为 8°～12°。

(4) 丝锥的标记　丝锥的种类、规格较多，每一种丝锥都有相应的标记。一套一支的粗牙普通螺纹丝锥，标记为 M10，M 为螺纹代号，10 为公称直径；普通细牙螺纹丝锥，以螺纹代号和公称直径×螺距来表示，例如 M10×1.25。

2) 铰杠

铰杠是手工攻螺纹时使用的一种辅助工具。铰杠分为普通铰杠和丁字形铰杠两类，如图 8-3 和图 8-4 所示。

(1) 普通铰杠　普通铰杠有固定铰杠和活动铰杠两种，如图 8-3 所示。一般攻制 M5 以下的螺纹采用固定铰杠。活动铰杠的方孔尺寸可以调节，应用比较广泛。常用活动铰杠的柄长有多种规格，可以适应各种不同尺寸的丝锥。

(2) 丁字形铰杠　丁字形铰杠适用于攻制工件台阶侧边或攻制机体内部的螺纹。丁字形铰杠有固定式和可调式两种，如图 8-4 所示。可调式丁字形铰杠通过一个四爪的弹簧夹头来夹持不同尺寸的丝锥，一般用于 M6 以下的丝锥。大尺寸的丝锥一般用固定式铰杠，通常按实际需要制作专用铰杠。

（a）固定铰杠

（b）活动铰杠

图 8-3　普通铰杠

（a）可调式丁字形铰杠　　（b）固定式丁字形铰杠

图 8-4　丁字形铰杠

2. 攻螺纹的方法

1) 攻螺纹前螺纹底孔直径的确定

攻螺纹前，必须先钻出螺纹底孔，螺纹底孔直径应比螺纹内径稍大些。攻螺纹时，丝锥的切削刃除起切削作用外，还对工件材料产生挤压作用，被挤压的金属材料会凸起并向工件螺纹牙型的顶端流动，嵌在丝锥刀齿根部的空隙中，从而使攻螺纹后螺纹孔小径小于原底孔直径。如果攻螺纹前,底孔直径与螺纹小径相同,则攻螺纹时,丝锥刀底根部与工件螺纹牙顶没有足够的容屑空间,丝锥会被挤压出来的材料卡住,容易造成崩刃和折断。底孔直径钻得过大,会使螺纹的牙型高度达不到要求,使强度降低。所以攻螺纹时,螺纹底孔直径的大小必须根据工件材料性质、钻孔时的扩张量和螺纹直径等方面来确定,使攻螺纹时,有足够的空隙来容纳被挤出的材料,还能保证所加工的螺纹牙型的完整性。

(1)普通螺纹底孔直径的经验计算公式　普通螺纹底孔直径通过查表 8-2 或根据经验公式计算得出,经验公式如下:

$$d = D - P \quad (\text{适用钢和韧性材料}) \tag{8-1}$$

$$d = D - (1.05 \sim 1.1)P \quad (\text{适用铸铁和脆性材料}) \tag{8-2}$$

式中:d——内螺纹底孔直径,mm;

　　　D——螺纹的公称直径,mm;

　　　P——螺距,mm。

表 8-2　普通粗牙螺纹攻螺纹前底孔直径　　　　(mm)

公称直径		3	4	5	6	8	10	12	14	16	20
螺距		0.5	0.7	0.8	1	1.25	1.5	1.75	2	2	2.5
底孔直径	铸铁	2.5	3.3	4.1	4.9	6.6	8.4	10.1	11.8	13.8	17.3
	钢	2.5	3.3	4.2	5	6.7	8.5	10.2	12	14	17.5

(2)不通孔螺纹底孔深度的经验计算公式　攻不通孔螺纹时,由于利用丝锥切削部分不能攻出完整的螺纹,所以底孔深度(H)至少要等于螺纹长度(L)和丝锥切削部分长度之和,丝锥切削部分长度大致等于内螺纹的 0.7 倍,即

$$H = L + 0.7D \tag{8-3}$$

(3)英制螺纹底孔直径的经验计算公式

$$D_{底} = 25\left(D - \frac{1}{n}\right) \quad (\text{适用于铸铁和脆性材料}) \tag{8-4}$$

$$D_{底} = 25\left(D - \frac{1}{n}\right) + (0.2 \sim 0.3) \quad (\text{适用于钢和韧性材料}) \tag{8-5}$$

式中:$D_{底}$——底孔直径,mm;

　　　D——螺纹大径,in;

　　　n——每英寸牙数。

2)孔口倒角

钻完底孔后,应对孔口进行锪孔倒角($90° \sim 120°$),使丝锥切削部分能够顺利切入底孔,通孔螺纹两端倒角,不通孔螺纹一端倒角。锪孔用的锪钻或麻花钻的直径为

$$D_{锪} = (1.1 \sim 1.2)D \tag{8-6}$$

式中:$D_{锪}$——锪孔直径,mm;

　　　D——螺纹大径,mm。

3）攻螺纹的操作要点

（1）手工攻螺纹。

① 攻螺纹前工件的装夹位置要正确,应尽量使螺孔中心线水平或竖直,以便在攻螺纹时判断丝锥是否垂直于工件平面。

② 攻螺纹前螺纹底孔的孔口要倒角,通孔螺纹两端孔口都要倒角。这样便于丝锥切入,防止攻螺纹时出孔口处崩裂。

③ 在开始攻螺纹时,要尽量把丝锥放正;然后用手压住丝锥使其切入孔中,如图 8-5 所示;当切入 1~2 圈时,再仔细观察和校正丝锥位置,目测或用角尺检查和校正丝锥的位置,如图 8-6 所示,一般在切入 3~4 圈螺纹时,丝锥的位置应正确,这时应停止对丝锥施加压力,只需平稳地转动铰杠攻螺纹,靠丝锥上的螺纹自然旋进。

图 8-5 起攻的方法   图 8-6 用角尺检查攻螺纹垂直度

④ 扳转铰杠,两手用力要平衡,无须太用力,防止左右晃动,防止牙型撕裂和螺孔扩大。

⑤ 攻螺纹时,每扳转铰杠 1/2~1 圈,就应倒转 1/2 圈,使切屑碎断容易排除。对于塑性材料,攻螺纹时应经常加入足够的切削液,以减小阻力,提高螺孔的质量和延长丝锥使用寿命。

⑥ 攻不通孔螺纹时,要经常退出丝锥,清除孔中的切屑,尤其当将要攻到孔底时,更应及时清除切屑,以避免丝锥被轧住。攻通孔螺纹时,丝锥校准部分不应全部攻出头,否则会扩大或损坏孔口螺纹。

⑦ 在攻螺纹过程中,换用另一只丝锥时应先用手将其旋入已攻出的螺孔中,直到手旋不动时,再用铰杠攻螺纹。

⑧ 丝锥退出时,应先用铰杠平稳地反向转动;当能用手直接旋动丝锥时,应停止使用铰杠,以防铰杠在带动丝锥退出时产生摇摆和振动,从而增大螺纹的表面粗糙度。

（2）机器攻螺纹 为保证攻螺纹的质量和提高生产效率,应积极使用机器攻螺纹。机器攻螺纹要保证丝锥与螺纹底孔的同轴度要求。当丝锥即将进入螺纹底孔时,进刀要慢,以防止丝锥与螺孔发生撞击。在丝锥切削部分开始攻螺纹时,应在钻床进刀手柄上施加均匀的压力,帮助丝锥切入工件。机器攻通孔螺纹时,丝锥的校准部分不能全部攻出头,否则在反转退出丝锥时,会使螺纹产生烂牙。在攻螺纹的过程中应加充足的切削液。

3. 攻螺纹时常见的问题

攻螺纹时经常会出现丝锥损坏和零件报废等问题,攻螺纹常见问题及防止方法如表 8-3 所示。

攻螺纹方法

表 8-3　攻螺纹常见问题及防止方法

问题	产 生 原 因	防 止 方 法
螺纹烂牙	①螺纹底孔直径太小； ②手工攻螺纹时，铰杠左右摇摆； ③机器攻螺纹时，丝锥校准部分全部攻出螺纹孔，退出丝锥时造成烂牙； ④头锥攻螺纹时位置偏斜，二锥、三锥强行纠正； ⑤二锥、三锥与头锥不重合而强行攻螺纹； ⑥丝锥没有经常倒转，切屑堵塞造成螺纹啃伤； ⑦攻不通孔螺纹时，丝锥攻到底后仍强行攻削； ⑧丝锥刀齿上粘有积屑瘤； ⑨切削液选用不合适	①检查底孔直径，合格后再攻螺纹； ②两手握住铰杠时用力要均匀； ③机器攻螺纹时，丝锥校准部分不能全部攻出螺纹孔； ④当头锥攻入 1～2 圈后，如有歪斜，应及时纠正； ⑤换用二锥、三锥时应先用手将其旋入到不能旋入时，再用铰杠攻削； ⑥丝锥每旋进 1～2 圈要倒转 1/2 圈，使切屑折断后排出； ⑦攻不通孔螺纹时，要在丝锥上做深度标记； ⑧用油石进行修磨； ⑨选用合适的切削液
螺纹歪斜	①手工攻螺纹时，丝锥位置偏斜； ②机器攻螺纹时，丝锥与螺纹底孔不同轴； ③手工攻螺纹时，用力不均匀	①用角尺检查是否垂直； ②钻底孔后不改变工件位置，直接攻螺纹； ③两手握住铰杠时用力要均匀
螺纹牙；深不够	①攻螺纹之前，底孔直径太大； ②丝锥磨损	①底孔直径要合适，要正确钻孔； ②修磨或更换丝锥
螺纹表面；粗糙度过大	①丝锥前、后面表面粗糙度大； ②丝锥前、后角太小； ③丝锥不锋利或磨钝； ④丝锥刀齿上粘有积屑瘤； ⑤未选用合适的切削液； ⑥切屑拉伤螺纹表面	①重新修磨丝锥或更换丝锥； ②重新刃磨丝锥或更换丝锥； ③修磨丝锥或更换丝锥； ④用油石进行修磨或更换丝锥； ⑤选用合适的切削液； ⑥经常倒转丝锥，采用左旋容屑槽
丝锥崩牙；及丝锥断；在孔中	①工件材料硬度过高，有硬点、砂眼和杂物等； ②底孔过小，切屑堵塞，丝锥卡死孔中； ③铰杠手柄太长或用力不均匀和过大； ④丝锥不正，单边受力大或强行纠正； ⑤攻不通孔时丝锥已攻到底，仍用力攻削； ⑥切削速度过高； ⑦工件材料过硬又黏	①攻螺纹前，检查清理砂眼和夹渣等，攻螺纹速度要慢，及时添加切削液； ②底孔要合适，攻螺纹时丝锥要经常倒转； ③正确选择铰杠，用力均匀且平稳； ④丝锥和孔端面垂直，不宜强行纠正； ⑤应根据深度在丝锥上做标记，或机器攻螺纹时采用安全卡头； ⑥选择合适的切削速度； ⑦对材料做适当处理，以改善其切削性能，采用锋利的丝锥

任务二　套　螺　纹

用板牙在圆柱杆上加工出外螺纹的方法称为套螺纹。常用的套螺纹工具主要有圆板牙和板牙架。

1. 圆板牙和板牙架

（1）板牙的类型和用途　板牙按结构形状和用途可分为：①圆板牙，用于加工普通螺纹和锥形螺纹，有固定式和开槽式，如图 8-7 所示；②四方板牙，使用时用方扳手，用于工作位置较窄的现场修理；③六方板牙，使用时用六方扳手，也用于工作位置较窄的现场修理；④管形板牙，用于六角车床和自动车床；⑤钳工板牙，由两块拼成，用于钳工修配工作。

（a）固定式　　　（b）开槽式

图 8-7　圆板牙

套螺纹方法

（2）圆板牙　圆板牙是加工外螺纹的工具，圆板牙的螺纹部分由切削锥部分和校准部分组成，如图 8-8(a)所示。圆板牙两端是带有 60°锥度的切削部分，螺纹中间一段是校准部分，具有完整的齿形，用来校准已切出的螺纹，也是套螺纹时的导向部分。M3.5 以上圆板牙的外圆上有四个锁定螺钉锥坑和一条 V 形槽。其中两个螺钉锥坑的轴线通过板牙中心，板牙铰杠上的两个锁定螺钉旋入后传递转矩。圆板牙一端的切削部分磨损后可换另一端使用。新的圆板牙 V 形槽与容屑孔是不通的，校准部分磨损后，套出的螺纹尺寸变大，超出公差范围时，可用锯片砂轮沿 V 形槽中心割出一条通槽，此时 V 形槽就成了调整槽。调整板牙铰杠上另外两个锁定螺钉，使其顶入圆板牙上两个偏心锥坑内，可使圆板牙的螺纹孔缩小。调节时，应试套螺纹来确定调整是否合格。这种方法一般很少采用，且只适用于没有精度要求的螺纹。

（a）圆板牙　　　　　　　　　　　（b）可调式圆板牙架

图 8-8　圆板牙与圆板牙架

（3）板牙架　板牙架是手工套螺纹时的辅助工具，是专门固定板牙的。常用的板牙架有固定式板牙架、可调式板牙架和管子板牙架，图 8-8(b)所示为可调式圆板牙架。使用时将板牙装入架内，板牙上的锥坑和架上紧固螺钉对准，然后紧固。

2. 套螺纹方法

（1）套螺纹前圆杆直径的确定　套螺纹前，先确定圆杆直径，直径太大，板牙不易套入；直径太小，套螺纹后螺纹牙型不完整。工件圆杆直径可由表 8-4 查出，也可按下式计算：

$$d = D - 0.13P \tag{8-7}$$

式中：d——工件圆杆直径，mm；

　　　D——螺纹公称直径，mm；

　　　P——螺距，mm。

表 8-4　普通粗牙螺纹套螺纹前圆杆直径尺寸　　　　　　　　（mm）

公称直径		6	8	10	12	14	16	18	20
螺距		1	1.25	1.5	1.75	2	2	2.5	2.5
圆杆直径	最小	5.8	7.8	9.75	11.75	13.7	15.7	17.7	19.7
	最大	5.9	7.9	9.85	11.9	13.85	15.85	17.85	19.85

（2）套螺纹的操作要点。

图 8-9　套螺纹时圆杆的倒角

① 为便于板牙切削部分切入工件并做正确的引导，工件圆杆端部应有 15°～20°的倒角，如图 8-9 所示，锥体的最小直径可略小于螺纹小径，避免螺纹顶端出现卷边和锋利刃口。

② 板牙端面与圆杆轴线应保持垂直。

③ 为了防止圆杆夹持偏斜和夹出痕迹，圆杆应装夹在由硬木制成的 V 形钳口或软金属制成的衬垫中。

④ 开始套螺纹时，用手掌按住圆板牙中心，沿圆杆轴线施加压力，并转动板牙铰杠；另一只手配合顺向切进，转动匀速缓慢，压力要大。

⑤ 当圆板牙切入圆杆 1～2 圈时，目测检查和校正圆板牙的位置；当圆板牙切入圆杆 3～4 圈时，停止施加压力并匀速转动，让板牙依靠螺纹自然套进，以免损坏螺纹和板牙。

⑥ 防止切屑过长，套螺纹过程中板牙经常倒转 1/4～1/2 圈。

⑦ 套螺纹时应选择合适的切削液，以降低切削阻力，提高螺纹质量，延长板牙寿命。

3. 套螺纹时常见的问题

套螺纹时常见问题及防止方法如表 8-5 所示。

表 8-5　套螺纹时常见问题及防止方法

问题	产 生 原 因	防 止 方 法
螺纹乱牙	①切屑堵塞而未及时清除； ②对于低碳钢等材料,未加切削液； ③圆杆直径太大； ④板牙歪斜,借正时造成乱牙	①经常倒转板牙,以切断和清除切屑； ②对于塑性材料,套螺纹时要加切削液； ③圆杆的直径要合适； ④板牙端面要与圆杆轴线垂直
螺纹歪斜	①圆杆端部倒角不符合要求； ②铰杠用力不均匀,不能保持板牙端面与圆杆轴线垂直	①圆杆端要按要求倒角； ②使用铰杠时用力要均匀和平稳,经常检查垂直情况,及时纠正
牙深不够	①圆杆直径过小； ②板牙直径过大	①圆杆直径应按要求确定； ②应用标准螺杆调整尺寸
螺纹表面粗糙	①未加注切削液或切削液选用不当； ②板牙切削刃上附着积屑瘤	①合理选用并充分加注切削液； ②去除积屑瘤,使刃口锋利

刮 削

刮削是用各种不同形状的刮刀从已加工表面上刮去很薄一层金属的加工方法。每次刮削的余量很小,所以切削变形也小,刮削后的工件具有几何误差小、尺寸精度高、表面质量好、接触精度高、抗疲劳性和耐磨性高的特点。刮削后工件表面在光线反射下显示出明暗层次清晰、均匀整齐的花纹,外观得到美化,刮削有助于形成良好的储油条件,改善润滑性能,减小磨损,延长零件的使用寿命。

刮削是一种应用较广的精密加工方法,在基准平板面、机床的导轨面、轴瓦摩擦表面等要求比较高的表面和磨损后表面的修复中都会用到刮削加工。刮削是一项繁重的手工体力劳动,生产效率不高,但是在科技高度发达的今天其仍有不可代替的作用。

▶▶▶ 任务一 刮 削 概 述

刮削通常是在工件或平板、直尺、精加工后的配合件上涂上一层较薄的显示剂相互研磨,将工件表面的高点显现出来并用刮刀刮掉。多次循环刮掉高点,增加配合表面的接触点,使工件形成正确的形状或实现接触面间的精密配合。

1. 刮削的种类

刮削可分为平面刮削和曲面刮削两类。

(1)平面刮削是用平面刮刀刮去已加工表面上一层较薄金属的加工方法。平面刮削有单个平面刮削和组合平面刮削两种。

(2)曲面刮削是用曲面刮刀刮去已加工表面上一层较薄金属的加工方法。曲面刮削有内圆柱面刮削、内圆锥面刮削和球面刮削等。

2. 刮削的特点和应用

(1)刮削的切削量小,切削力小,切削热少和切削变形小。

(2)用具简单,不受工件形状、位置和设备条件的限制。

(3)在刮削过程中,工件表面受到刮刀多次反复进行的推挤和压光作用,表面组织变得比原来紧密,表面粗糙度降低,而且表面变得比以前紧密,故工件表面的抗疲劳性与耐磨性得到提高。

(4)经过刮削后,工件表面分布着均匀的微浅月牙凹坑,有利于储油,提升工件的润滑性能。

(5)刮削一般是利用标准件或互配件对工件表面进行涂色显点来确定其加工部位的,从而保证工件能有较高的几何公差和互配件的精密配合。

(6)刮削常应用于机床导轨和配合滑动表面之间、转动的轴和轴承之间、工量具的接触面和封闭面等。

3. 刮削余量

刮削是一项精细的手工操作。刮削前,工件表面必须经过精铣或精刨等精加工。刮削的切削量小,刮削前的余量一般在 0.05～0.4 mm 之间,具体根据刮削面积而定。

平面刮削余量参考表 9-1。

表 9-1　平面刮削余量参考　　　　　　　　　　　　　　　　（mm）

平面宽度	平 面 长 度				
	100～500	500～1000	1000～2000	2000～4000	4000～6000
100 以下	0.10	0.15	0.20	0.25	0.30
100～500	0.15	0.20	0.25	0.30	0.40

➤➤➤ 任务二　刮削工具

1. 刮刀与刃磨

1) 刮刀

刮刀是刮削的主要工具,刮刀一般是用碳素工具钢 T10A、T12A 或弹性好的轴承钢 GCr15 锻造而成的,经刃磨和热处理淬硬后硬度可达 60 HRC 左右。刮削硬工件时,可焊上硬质合金刀头。刮刀刀头硬度高、刃口锋利。根据用途不同,刮刀可分为平面刮刀和曲面刮刀两大类。

（1）平面刮刀。用于刮削平面和外曲面,平面刮刀按其形状,可分为直头刮刀和弯头刮刀两种;按操作方式的不同,可分为手刮刀和挺刮刀,如图 9-1 所示;按所刮表面精度的不同,又分为粗刮刀、细刮刀和精刮刀三种。

（a）手刮刀　　　　　　　　　（b）挺刮刀

图 9-1　平面刮刀

（2）曲面刮刀。用于刮削内曲面,如轴瓦、轴套等,曲面刮刀按形状和用途不同,可分为三角刮刀和蛇头刮刀两种,如图 9-2 所示。

图 9-2　曲面刮刀

2）平面刮刀的刃磨

（1）平面刮刀的几何角度。刮刀可按粗刮、细刮、精刮的要求不同而分类,如图 9-3 所示。

（a）粗刮刀   （b）细刮刀   （c）精刮刀

图 9-3   平面刮刀的几何角度

三种刮刀的顶端角度:粗刮刀为 90°～92.5°,刀刃平直;细刮刀约为 95°,刀刃稍带圆弧;精刮刀约为 97.5°,刀刃带圆弧。刃磨后的刮刀平面应平整光洁,刃口无缺陷。

（2）平面刮刀的刃磨。如图 9-4 所示,先粗磨刮刀平面,让刮刀平面在砂轮外圆上来回移动,先磨两平面直至平面平整,然后磨端面。如此反复,直到切削部分形状、角度符合要求,且刃口锋利为止。

（a）粗磨刮刀平面   （b）粗磨刮刀定端面   （c）精磨平面

（d）手持磨顶端面   （e）靠肩双手握持磨端面

图 9-4   平面刮刀的刃磨

3）曲面刮刀的刃磨

曲面刮刀的平面部分的刃磨方法和平面刮刀相同,在刃磨曲面部分时,刮刀的运动方式不是简单的来回移动,而是一种复合运动。在磨出曲面刮刀的平面部分后,刃磨沟槽和曲面部分,上砂轮机上粗磨,然后再用油石精磨。图9-5所示为三角刮刀的刃磨。

（a）粗磨三角刮刀的三个弧面　　　（b）磨沟槽面　　　（c）三角刮刀的精磨

图9-5　三角刮刀的刃磨

2. 校准工具

校准工具也称为研具,校准工具是用于研点和检验刮削表面准确性的工具。常用的校准工具包括校准平板和平尺,校准平板如图9-6所示。常用的平尺有工字形直尺、桥式直尺、角度直尺,如图9-7所示。校准工具一般都是用耐磨铸铁铸造并经时效处理,工作表面经过精细刮削,具有良好的刚度、几何公差、稳定的尺寸和较低的表面粗糙度。校准工具用来与刮削表面磨合,以研点的多少和分布的疏密程度来显示刮削表面的平整程度。

图9-6　校准平板

（a）工字形直尺　　　（b）桥式直尺　　　（c）角度直尺

图9-7　平尺

3. 显示剂

工件和校准工具对研时所加的涂料称为显示剂。其作用是显示被刮削表面和校准工具的接触状况。常用的显示剂有红丹粉和蓝油两种。红丹粉又有铅丹和铁丹两种,由氧化铅或氧化铁加机械油调和而成,铅丹呈橘黄色,铁丹呈红色,用于钢件和铸铁表面的刮削涂色;蓝油由蓝粉和蓖麻油加适量机械油调和而成,主要用于非铁合金刮削时的涂色。在使用显示剂时,将显示剂涂在工件或涂在标准研具上,经推研即可显示出需要刮去的高点。显示剂涂在工件上,显示的结果是红底黑点,没有闪光,容易看清,适合精刮时选用。

显示剂涂在标准研具上,显示的结果是灰白底、黑红色点子,有闪光,不易看清楚,但刮削时铁屑不易粘在刀口上,刮削方便,适合粗刮时选用。调和显示剂时油量不宜太多,能保证调和均匀即可,粗刮时调和得稀些,精刮时调和得稠些。涂抹显示剂要薄而均匀,且要保证显示剂清洁无杂质。

▶▶▶ 任务三　刮削方法和精度检查

1. 平面刮削

(1) 平面刮削方法　平面刮削有手刮法和挺刮法两种。

① 手刮法。右手姿势与握锉刀柄时的基本相同,左手四指向下扣握住刮刀,距刮刀头部50 mm 处,刮刀与刮削面成25°～30°角。左脚向前跨一步,身体重心靠向左腿。刮削时让刀头找准研点,身体重心往前倾斜的同时,右手跟进刮刀;左手下压,落刀要轻并引导刮刀前进方向;研点被刮削的同时,利用刮刀的反弹作用力,左手迅速提起刀头,提起高度为5～10 mm,这样就完成一次手刮动作,如图9-8 所示。

② 挺刮法。将刮刀柄顶在小腹右下侧,双手握住刀身,左手在前,手掌向下,在距刮刀头部 80 mm 处握住刀身;刮刀与刮削面一般成 15°～25°角,右手在后,手掌向上。刮削时刀刃对准研点,左手下压,右手控制刀头方向,利用腿部和臂部的合力往前推动刮刀;双手施加的压力由小到大,在研点被刮削的瞬间,并达到所需长度时,双手利用刮刀的反弹作用力迅速提起刀头,提起高度约为 10 mm,这样就完成了一次挺刮动作,如图9-9 所示。挺刮法适合加工余量较大的刮削。

图 9-8　手刮法

图 9-9　挺刮法

刮削是钳工一项很重要的基本功,若不过硬,则不仅生产效率低且刮出的表面质量差,也不美观。

(2) 平面刮削步骤　平面刮削可按粗刮、细刮、精刮、刮花四个步骤进行。工件表面的刮削方向应与前道工序的刀痕交叉,每刮削一遍后,涂上显示剂,用校准工具配研,以显示加工面上的高低不平处,然后刮掉高点,如此反复进行。

① 粗刮。刮削前工件表面上有较深的加工刀痕、严重的锈蚀或刮削余量较大(0.2 mm 以上)时进行粗刮。粗刮时应使用刃口较宽和长柄的刮刀,刃口宽为刀宽的 2/3～3/4,刮削时施加较大而又均匀的力,刮刀痕迹长,为 10～15 mm,且要连成长片,不可重复。粗刮方向要与机加工刀痕约成 45°角,各次刮削方向要交叉成 30°～45°角。工件表面研点增至每 25 mm² 面积内有 4～5 点时开始细刮。

② 细刮。细刮是用细刮刀刮去块状的研点。细刮时采用刀痕宽约 6 mm、长 5～10 mm 的细刮刀将粗刮的表面进一步刮平,随着研点的增加,刀痕逐步缩短。细刮同样采用交叉刮削的方法,各次刮削方向要交叉成 45°～60°角。每次显示剂要涂得薄而均匀,以便显点清晰。整个刮削面上达到每 25 mm² 面积内有 12～15 个点时,即可进行精刮。

③ 精刮。精刮时选用宽 4～12 mm、刃口锋利且呈弧形的精刮刀在细刮的基础上进一步增加研点数。精刮采用点刮法。精刮时,刮刀对准显点,落刀要轻,提刀要快,每一点只刮一刀。经反复配研、刮削,被刮平面每 25 mm² 面积内应有 20 点以上。

④ 刮花。刮花是用刮刀在刮好的平面上刮出有规律的、装饰性的花纹。其目的一是增加刮削表面的美观度,保证良好的润滑性;二是可根据刀花的消失情况,判断平面的磨损程度。对于要求高的工件,不必刮出大的花纹。常见的花纹有斜花纹、鱼鳞花纹和半月花纹等,如图 9-10 所示。

（a）斜花纹   （b）鱼鳞花纹   （c）半月花纹

图 9-10 刮花的花纹

2. 平面刮削的精度检查

对刮削的质量要求,一般包括形状和位置精度、尺寸精度、接触精度、配合精度和表面粗糙度等。根据工件的具体工作要求不同,检查刮削精度的常用方法如下。

(1) 平面刮削的精度是用贴合点的数目来表示的,即在边长为 25 mm 的正方形框内的研点数,如图 9-11 所示。一般平面有 8～12 个研点,精密平面有 16～25 个研点,超精密平面研点数大于 25 个。

(2) 用水平仪检验工件的平面度和直线度。

(3) 用百分表测量平行度。

(4) 采用标准 90°圆柱检验棒和标准平板配合检查垂直度。

(5) 用塞尺来检验配合精度。

(6) 用表面粗糙度比较样块对比检测表面粗糙度。

各种平面接触精度的研点数如表 9-2 所示。

（a）配研　　　　　（b）贴合点　　　　　（c）精度检验

图 9-11　研点

表 9-2　各种平面接触精度的研点数

平 面 种 类	25 mm×25 mm 面积内研点数	应 用 范 围
一般平面	2～5	较粗糙机件的固定结合面
	5～8	一般结合面
	8～12	机器台面、一般基准面、密封结合面、机床导向面
	12～16	机床导轨面及导向面、工具基准面、量具接触面
精密平面	16～20	精密机床导轨面、平尺
	20～25	1级平板、精密量具
超精密平面	＞25	0级平板、精密量具、高精度机床导轨面

3. 原始平板的刮削

刮削原始平板时一般采用渐进法，即不用标准平板，而以三块（或三块以上）原始平板依次循环对研刮削，来达到平板平面度要求。

（1）研点方法及阶段　为了防止平板产生纵、横向的平面度误差或避免出现形变扭曲，研点一般分为三个阶段和三种方法，即每一阶段的研点方法都有所不同。在第一阶段可采用纵向研点方法，即主动件推拉合研时，其纵向中心线平行于固定件纵向中心线，如图 9-12（a）所示；在第二阶段可采用横向研点方法，即主动件推拉合研时，其纵向中心线垂直于固定件纵向中心线，如图 9-12（b）所示，在第三阶段可采用对角研点方法，即主动件推拉合研时，其纵向中心线以 45°角相交于固定件纵向中心线，如图 9-12（c）所示。采用纵、横向研点刮削可消除纵、横方向的平面度误差，采用对角研点刮削可消除平板的形变扭曲误差。在刮削过程中，要随时对刮削面进行平面度误差分析，要做到边刮削、边检查、边修正，以保证达到平板的技术要求。

（2）刮削准备　准备好经过机加工后的三块平板，将这三块平板编号，四周用锉刀倒角去毛刺，清理干净后在非加工面上涂上油漆，准备好刮削工具等。

（3）刮削循环工序　一个刮削循环要经历七道工序，如图 9-13 所示。

（a）纵向研点方法　　　　　　　　　　（b）横向研点方法

（c）对角研点方法

图 9-12　研点方法

（1）A、B对研互刮　　（2）以A为基准对研刮C　　（3）B、C对研互刮

（4）以B为基准对研刮A　（5）C、A对研互刮　　（6）以C为基准对研刮B　（7）A、B对研互刮

循环

图 9-13　刮削循环工序

① 第一道工序　件 A 和件 B 对研显点后互刮。

② 第二道工序　以件 A 为基准与件 C 对研显点后刮件 C。

③ 第三道工序　件 B 和件 C 对研显点后互刮。

④ 第四道工序　以件 B 为基准与件 A 对研显点后刮件 A。

⑤ 第五道工序　件 C 和件 A 对研显点后互刮。

⑥ 第六道工序　以件 C 为基准与件 B 对研显点后刮件 B。

⑦ 第七道工序　件 A 和件 B 对研显点后互刮。

4. 曲面刮削

曲面刮削与平面刮削基本相似,方法略有不同。曲面刮削也有粗刮、细刮、精刮、刮花四个步骤。进行内圆弧的刮削操作时,刮刀在内圆弧上做螺旋运动,刀痕与圆弧面中心线

约成 45°角。粗刮时刮刀的每次行程约 10 mm,用力大、切削量大;细刮时刮刀的行程约为粗刮时的一半。内孔刮削时常用与其相配的轴或标准轴作为校准工具,将显示剂涂在孔的表面,用轴在孔中来回转动,显示接触点,再根据接触点进行刮削。用三角刮刀刮削轴瓦操作如图 9-14 所示。

图 9-14 曲面的刮削

5. 曲面刮削工序

曲面刮削也分为粗刮、细刮、精刮三个工序阶段,与平面刮削工序不同的是,仅用同一把刮刀,通过改变刮刀与刮削面的相互位置就可以分别进行粗刮、细刮、精刮三个工序。下面以三角刮刀为例进行曲面刮削的粗刮、细刮、精刮工序的分析。

(1) 粗刮 如图 9-15(a)所示。采用正前角刮削,两切削刃紧贴刮削面,刮削层比较深,通过粗刮工序,可提高刮削效率。

(2) 细刮 如图 9-15(b)所示。采用小负前角刮削,一切削刃紧贴刮削面,刮削层比较浅,通过细刮工序,可获得分布均匀的研点。

(3) 精刮 如图 9-15(c)所示。采用大负前角刮削,一切削刃紧贴刮削面,刮削层很浅,通过精刮工序,可获得较高的表面质量。

(a) 正前角粗刮　　　(b) 小负前角细刮　　　(c) 大负前角精刮

图 9-15 曲面刮削工序

6. 曲面刮削的精度检查

内曲面刮削的精度,也是用边长为 25 mm 的方框罩在与校准工具配研过的被检查表面上,通过检测框内接触点数目来评定。对于一般滑动轴承,中间部位的点数可少些,每 25 mm^2 面积内有 6~8 点即可,而前后两端则要求多些,每 25 mm^2 面积内有 12~15 点为好,这样轴承受力情况较好,也便于储存润滑油。对于重要的滑动轴承,如车床床头箱的主轴承,应根据受力情况,确定接触点的数目。

》》》 任务四 刮削的注意事项

刮削过程中应注意的安全事项主要有以下几个方面。

(1)刮削前清除工件的锐边锐角,防止碰伤割手。

(2)刮削过程中修磨刮刀时用力要适当。

(3)不使用无柄刮刀,刮刀用后要放置平稳,防止掉下。三角刮刀要有刀套,妥善保管。

(4)操作者站在脚踏板上刮削时,要把脚踏板放置平稳,以免用力刮削时滑倒。

(5)每次刮削推研时要注意清洁工件表面,不要让杂质留在研合面上,以免造成刮面或标准平板划伤。

(6)不论粗刮、细刮、精刮,对于小工件的显示研点,应当是标准平板固定,工件在平板上推研,推研时要求压力均匀,避免显示失真。

(7)刮削工件边缘时,用力要小,避免刮刀突然冲出工件,使操作者失去平衡摔倒造成事故。

研 磨

研磨

任务一 研磨概述

研磨是用研磨工具和研磨剂从工件表面研去一层极薄金属层的精加工方法。

1. 研磨的基本原理

研磨是以物理和化学作用除去零件表层金属的一种加工方法。

（1）物理作用 研磨时，要求研具材料比被研磨的工件软。研磨时，涂在研具表面的磨料在受到一定压力后，研磨剂中微小颗粒被压嵌在研具的表面，成为无数个切削刃，在研具和工件复杂的相对运动中，磨料对零件产生微量的切削与挤压作用，工件表面被切去一层极薄的金属。

（2）化学作用 采用氧化铬和硬脂酸配置而成的研磨剂时，被研表面与空气接触后，很快会形成一层氧化膜，氧化膜会很容易地被研磨掉，在研磨过程中，氧化膜迅速地形成（化学作用），又不断地被研磨掉（物理作用），提高了研磨的效率。

2. 研磨的作用

（1）使工件达到精确的尺寸。研磨后，尺寸精度可达到 0.001～0.005 mm。

（2）能提高工件的几何精度。研磨后，几何误差可控制在 0.005 mm 内。

（3）使工件获得较小的表面粗糙度。与其他加工方法相比，研磨加工后表面粗糙度最小。一般情况下，表面粗糙度值为 Ra 0.1～1.6 μm，最小可达 Ra 0.012 μm。

（4）可延长使用寿命。经研磨的零件，由于有精确的几何形状和很小的表面粗糙度，耐磨性、抗腐蚀性和疲劳强度都相应得到提高，从而延长了零件的使用寿命。

3. 研磨的种类和研磨余量

研磨分手工研磨和机械研磨两种，钳工一般采用手工研磨。

由于研磨时微量切削，一般每研磨一遍所能磨去的金属层不超过 0.002 mm，因此研磨余量不能太大，通常研磨余量在 0.005～0.03 mm 范围内比较适宜，有时研磨余量就在工件的公差之内。

任务二 研 具

研具是研磨加工中保证被研磨零件几何精度的重要因素，因此对研具的材料、精度和表面粗糙度有很高的要求。不同形状、材质的工件需要不同形状、材质的研具。常用的研具有研磨平板、研磨棒和研磨套等。

1. 研磨平板

研磨平板主要用于研磨平面工件,如研磨量块、精密量具的测量面等。研磨平板分有槽和光滑两种。有槽平板用于粗研,研磨时易于将工件压平,防止将工件磨成凸起的弧面。光滑平板用于精研,以提高研磨工件表面的精度,如图 10-1 所示。

（a）有槽平板　　　　　　（b）光滑平板

图 10-1　研磨平板

2. 研磨棒

研磨棒主要用于研磨套类工件的内孔。研磨棒的外径应比工件的内径小 0.01～0.025 mm。研磨棒的形式有固定式和可调式两种。

固定式研磨棒制造简单但磨损后无法补偿,主要用于单个工件和机械修理中的研磨,如图 10-2 所示。

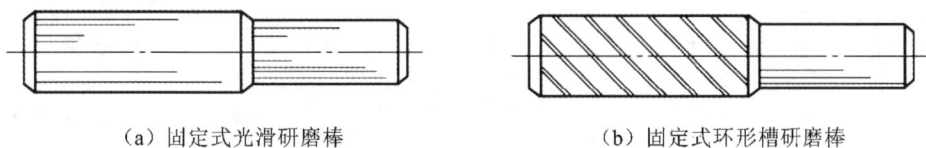

（a）固定式光滑研磨棒　　　　　　（b）固定式环形槽研磨棒

图 10-2　固定式研磨棒

可调式研磨棒的尺寸可在一定的范围内调整,适用于成批生产中的工件孔位的研磨,其寿命较长,应用广泛,如图 10-3 所示。

3. 研磨套

研磨套主要用于研磨轴类工件的外圆表面,研磨套的形式一般做成可调式,如图 10-4 所示。研磨套的内径应比工件的外径略大 0.025～0.05 mm。研磨一段时间后,研磨套的内径增大,可拧紧调节螺钉使孔径缩小,以保证合适的间隙。

图 10-3　可调式研磨棒　　　　　　图 10-4　研磨套

4. 研具材料

要使研磨剂中的微小磨料嵌入研具表面,研具表面的材料硬度应稍低于被研零件,但不能太软,否则磨料会全部嵌入研具而失去研磨作用。所以在研磨时对研具材料有较高的要求,研具的组织必须均匀,硬度要低于工件的硬度,还应具有较高的耐磨性和稳定性。常见的研具材料有如下几种。

(1)灰铸铁 润滑性好,硬度适中,嵌入性较好,研磨效果好,价廉易得,应用广泛。

(2)球墨铸铁 嵌入性相对灰铸铁更好,嵌存磨料均匀、牢固,强度高,寿命较长,应用广泛。

(3)低碳钢 韧性好,不容易折断,常用作小型工件的研具。

(4)铜 材质较软,嵌入性好,用作研磨软钢类工件的研具。

》》》 任务三 研 磨 剂

研磨剂是由磨料、研磨液、辅料调和而成的混合剂。

1. 磨料

磨料在研磨中起切削金属表面的作用,与研磨加工的效率、精度、表面粗糙度有密切关系。常用的磨料有刚玉类磨料、碳化物磨料、金刚石磨料等几种,如表 10-1 所示。

表 10-1 磨料的种类、特性和适用范围

类别	磨料名称	代号	特 性	适 用 范 围
刚玉类	棕刚玉	A	棕褐色。硬度高,韧性大,价格便宜	粗、精研磨铸铁、钢、黄铜
	白刚玉	WA	白色。硬度比棕刚玉高,韧性比棕刚玉差	精研淬火钢、高速钢、高碳钢及薄壁零件
	铬刚玉	PA	玫瑰红或紫色。韧性比白刚玉高,磨削表面质量好	研磨各种量具、仪表零件及高精度表面
	单晶刚玉	SA	淡黄色或白色。硬度和韧性比白刚玉高	研磨不锈钢、高钒高速钢等强度高、韧性大的材料
碳化物	黑碳化硅	C	黑色。硬度比白刚玉高,脆而锋利,导电性和导热性良好	研磨铸铁、黄铜、铝、耐火材料及非金属材料
	绿碳化硅	GC	绿色。硬度和脆性比黑碳化硅高,导电性和导热性好	研磨硬质合金、硬铬、宝石、陶瓷、玻璃等
	碳化硼	BC	灰黑色。硬度次于金刚石,耐磨性好	精研和抛光硬质合金、人造宝石等硬质材料
金刚石	天然金刚石	JT	硬度最高,价格昂贵	粗、精研和超精研硬质合金和宝石
	人造金刚石	JR	无色透明或淡黄色。硬度高,比天然金刚石略脆,表面粗糙	

类别	磨料名称	代号	特 性	适 用 范 围
其他	氧化铁	—	红色或暗红色。比氧化铬软	精研或抛光钢、铸铁、玻璃等材料
	氧化铬	—	深绿色	

2. 磨料粒度及应用

磨料的粗细程度用粒度来表示,粒度越小,研磨精度越高。磨料粒度按照颗粒尺寸分为磨粉和微粉两种,磨粉号数在 $100 \sim 280$ 的范围内选取,数字越大,磨料越细;微粉号数在 $W40 \sim W0.5$ 的范围内选取,数字越小,磨料越细。磨料粒度及应用如表 10-2 所示。

表 10-2 磨料粒度及应用

磨料粒度号数	加工工序类别	可达到的表面粗糙度值 $Ra / \mu m$
$100 \sim 280$	用于最初的研磨加工	~ 0.4
$W40 \sim W20$	用于粗研磨加工	$0.4 \sim 0.2$
$W14 \sim W7$	用于半精研磨加工	$0.2 \sim 0.1$
$W5 \sim W1.5$	用于精研磨加工	$0.1 \sim 0.05$
$W1 \sim W0.5$	用于抛光、镜面研磨加工	$0.025 \sim 0.01$

3. 研磨液

研磨液在研磨加工中起调和磨料、润滑与冷却的作用。磨料不能直接用于研磨,必须加注研磨液和辅助材料并经调和后才能使用。常用的研磨液有煤油、汽油、机油、工业甘油及熟猪油等。根据需要在研磨液中再加入适量的石蜡、蜂蜜等填料,以及黏度较大、氧化作用较强的油酸、硬脂酸等,研磨效果更好。

》》》 任务四 研 磨 方 法

研磨分为手工研磨和机械研磨两种。手工研磨时,要使工件表面各处都受到均匀的切削作用,应选择合理的运动轨迹,这对提高研磨效率、工件的表面质量和延长研具的寿命都有直接的影响。

(1)研磨时的上料方法 研磨时的上料方法有干研法、湿研法和半干研法三种。

① 干研法 干研法又称为压嵌法,其方法又分为两种。一是采用三块平板并在其上面加入研磨剂,用原始研磨法轮换嵌入研磨剂,使磨料均匀嵌入平板内;二是用淬硬压棒将研磨剂均匀压入平板,研磨时只需在研具表面涂以少量的辅助材料。干研法常用于精研磨,所用微粉磨料粒度小于 W7。

② 湿研法 湿研法又称为涂敷法。研磨前将液态研磨剂涂敷在工件或研具上,在研磨过程中,研磨剂有的被压入研具内,有的呈浮动状态。由于磨料难以分布均匀,故加工精度不及干研法。湿研法一般用于粗研磨,所用微粉磨料粒度大于 W7。

③ 半干研法　类似湿研法,所用研磨剂是糊状研磨膏。研磨既可用手工操作,也可在研磨机上进行。工件在研磨前须先用其他加工方法获得较高的预加工精度,所留研磨余量一般为 5～30 μm。

(2) 研磨速度和压力　粗研平面时,运动速度取 40～60 次/min,压力为 0.1～0.2 MPa;精研平面时,运动速度取 20～40 次/min,压力为 0.01～0.05 MPa。

1. 研磨工作内容

(1) 平面研磨　平面研磨应在非常平整的研磨平板上进行。研磨前要根据工件的特点选择好合适的研具、研磨剂、研磨运动轨迹、研磨压力和研磨速度。用煤油或汽油把平板擦洗干净,再涂上适量研磨剂,将工件的被研表面与平板贴合进行研磨。平面研磨余量参考表 10-3。

表 10-3　平面研磨余量　　　　　　　　　　　　　　　(mm)

平面长度	平面宽度		
	≥25	26～75	76～150
25	0.005～0.007	0.007～0.010	0.010～0.014
26～75	0.007～0.010	0.010～0.014	0.014～0.020
76～150	0.010～0.014	0.014～0.020	0.020～0.024
151～260	0.014～0.018	0.020～0.024	0.024～0.030

(2) 研磨外圆柱表面　外圆研磨一般在车床或钻床上进行,采用手工与机械相配合的方法,用研磨套对工件进行研磨。研磨时工件由车床或钻床带动。在工件上均匀地涂上研磨剂,套上研磨套并调整好研磨间隙,其松紧程度以手用力能转动研磨套为宜。通过工件的旋转,研磨套在工件上沿轴线方向做往复运动进行研磨,如图 10-5 所示。研磨外圆时,工件的转速一般是直径小于 80 mm 时为 100 r/min,直径大于 100 mm 时为 50 r/min。研磨时,如果研磨套往复速度适当,则工件上研磨出来的网纹成 45°交叉线;移动太快,则网纹与工件轴线夹角较小;移动太慢,则网纹与工件轴线夹角较大,如图 10-6 所示。外圆柱表面研磨余量参考表 10-4。

图 10-5　研磨外圆柱表面

(a) 速度太快　(b) 速度太慢　(c) 速度适当

图 10-6　研磨外圆柱表面时网纹与轴线的夹角

表 10-4　外圆柱表面研磨余量　　　　　　　　　　　　(mm)

外　径	研磨余量	外　径	研磨余量
≤10	0.003～0.005	51～80	0.008～0.012

外　　径	研磨余量	外　　径	研磨余量
11～18	0.006～0.008	81～120	0.010～0.014
19～30	0.007～0.010	121～180	0.012～0.016
31～50	0.008～0.010	181～260	0.015～0.020

（3）内圆柱面研磨　内圆柱面的研磨方法是将研磨棒放置在车床两顶尖之间或夹在钻床的钻夹头上，把工件套在研磨棒上，研磨棒做旋转运动，手握工件做往复直线运动。在研磨时，应调节研磨棒与工件配合的松紧程度，一般以用手把持工件做往复直线运动时，不感觉十分费力为宜，如图 10-7 所示。内圆柱面研磨余量参考表 10-5。

图 10-7　研磨内圆柱面

表 10-5　内圆柱面研磨余量　　　　　　　　　　　　　（mm）

内径	研　磨　余　量	
	铸铁	钢
25～125	0.020～0.100	0.010～0.040
150～275	0.080～0.100	0.020～0.050
300～500	0.120～0.200	0.040～0.060

2. 研磨运动轨迹

手工研磨运动轨迹，一般采用直线、摆线、螺旋线和 8 字形曲线或仿 8 字形曲线等几种，如表 10-6 所示。

表 10-6　研磨运动轨迹

轨迹	运 动 说 明	特　点	适 用 范 围	图　解
直线	工件按直线方式运动，轨迹不能相互交叉，直线容易重叠	使工件获得较高的精度	有台阶的狭长平面的研磨	
直线与摆线	工件在左右摆动的同时，做直线往复移动	获得比较好的平直度	90°角尺等量具的研磨	

续表

轨迹	运动说明	特　点	适用范围	图　解
螺旋线	工件以螺旋的方式运动	获得较好的平面度和很小的表面粗糙度值	圆柱形或圆片形工件的端面	
8字形曲线	滑移的轨迹呈8字形交叉运动形式	可提高工件的质量,且能均匀使用研具	量规类小平面	

>>> 任务五　研磨时应注意的问题

研磨时应注意以下几方面的问题。

(1) 选择合适的研具、研磨剂及研磨的方法。

(2) 每次添加研磨剂的量不宜过多,而且要分布均匀。

(3) 研磨时,研磨的速度不能太快,研磨压力不能太大。在研磨过程中,速度快、压力大则研磨效率高。若速度太快、压力太大,则工件表面粗糙,工件容易发热变形,甚至会因磨料压碎而使表面划伤。

(4) 研磨中,必须注意清洁工作。改变研磨工序时,必须进行全面清洗,以清除上道工序留下的较粗磨料。在研磨后及时将工件清洗干净并防锈。

(5) 工件的被加工面与研具的工作面在研磨中始终保持相密合的平行运动,工件的运动轨迹均匀地遍及整个研具表面,保持研具的均匀磨损。

学习情境十一

矫正和弯曲

>>> 任务一 矫 正

通过外力作用,消除金属材料、型材或工件的不平、不直、弯曲、扭曲等缺陷的加工方法称为矫正。按矫正时产生矫正力的方法,矫正可分为手工矫正、机械矫正两种。

1. 矫正原理

金属材料的变形有两种:一种是在外力作用下,材料发生变形,当外力去除后,仍能恢复原状,这种变形称为弹性变形;另一种是当外力去除后材料不能恢复原状,这种变形称为塑性变形。矫正是对塑性变形而言的,只能对塑性好的材料进行矫正,而不能对塑性差、脆性大的材料进行矫正。

金属板材、型材矫正的实质,就是使它产生新的塑性变形以消除原来的不平、不直或翘曲变形。在矫正的过程中,金属板材、型材会产生新的塑性变形,它的内部组织变得紧密,金属材料表面硬度、强度增加,塑性下降,性质变脆。这种材料变硬的现象称为冷作硬化。材料冷硬后给进一步的矫正或其他冷加工带来困难,必要时可进行退火处理,使材料恢复原来的力学性能。

2. 手工矫正方法

手工矫正主要采用锤击的方法或利用一些简单工具、设备来进行。所用工具有铜锤、木锤、橡胶锤、平板和铁砧、台虎钳、螺旋压力工具、抽条和拍板等。

1)扭转法

(1)扁钢扭曲的矫正如图 11-1 所示。将扁钢的一端用台虎钳夹住,另一端用叉形扳手或活动扳手夹持,将扁钢向扭曲的相反方向扭转,待扭曲变形消失后,再锤击将其矫平。

(a)用叉形扳手矫正扁钢　　(b)用活动扳手矫正扁钢

图 11-1　扁钢扭曲的矫正

（2）角钢扭曲的矫正如图 11-2 所示。将角钢的一端用台虎钳夹住，另一端用叉形扳手或活动扳手夹持，将角钢向扭曲的相反方向扭转。

2）弯曲法

（1）扁钢弯曲的矫正如图 11-3 所示。扁钢在厚度方向上弯曲时，将近弯曲处夹入台虎钳，然后在扁钢的末端用扳手朝相反方向扳动或将扁钢的弯曲处放在台虎钳口内，直接压直，最后放到平板上或铁砧上用锤子捶打，矫正到平直。

（a）用活动扳手反向扳动扁钢

（b）用台虎钳压直

（c）锤击扁钢矫正

图 11-2　角钢扭曲的矫正　　　　　图 11-3　扁钢弯曲的矫正

（2）棒材、轴类工件的矫正如图 11-4 所示。直径小的棒材可采用扁钢在厚度方向上弯曲时的矫正方法进行矫正。轴类工件的矫正，一般在压力机上进行。

（3）角钢内、外弯曲的矫正如图 11-5 所示。矫正角钢内弯曲时，角钢可放在钢圈上或铁砧上，角钢应背面朝上立放，在用力锤击时，锤柄应稍微放低一个角度。矫正角钢外弯曲时，角钢可放在钢圈上或铁砧上，在用力锤击时，锤柄应稍微抬高或放低一个角度。

（a）厚度方向弯曲时的矫正

（b）螺旋压力机　　　　（c）矫正的检验

图 11-4　棒材、轴类工件的矫正

（a）角钢内弯曲的矫正

（b）角钢外弯曲的矫正

图 11-5　角钢内、外弯曲的矫正

　　（4）角钢角变形的矫正如图 11-6 所示。角钢的角变形可以在 V 形铁上或平台上锤击矫正。如果角钢同时有几种变形，则应先矫正变形较大的部位，再矫正变形较小的部位。如果角钢既有弯曲变形又有扭曲变形，则先矫正扭曲变形然后矫正弯曲变形。

　　（5）槽钢弯曲的矫正如图 11-7 所示。槽钢弯曲变形有立弯、旁弯。矫正方法是将槽

（a）角钢夹角大于90°时的矫正　　　　　　（b）角钢夹角小于90°时的矫正

图 11-6　角钢角变形的矫正

钢用两根圆钢垫起,然后用大锤锤击。

（a）立弯的矫正

（b）旁弯的矫正

图 11-7　槽钢弯曲的矫正

（6）槽钢翼板变形矫正如图 11-8 所示。槽钢翼板有局部变形时,可用一个锤子垂直抵住或横向抵住翼板凸起部位,用另一个锤子锤击翼板凸处。当翼板有局部凹陷时,也可将翼板平放锤击凸起处,直接矫平。

3）延展法

（1）扁钢宽度方向上弯曲的矫正如图 11-9 所示。扁钢在宽度方向上弯曲时,可先将扁钢的凸面向上放在铁砧上捶打,然后将扁钢平放在铁砧上,锤击弯形里面,经锤击使这一边材料伸长而变直。

图 11-8　槽钢翼板变形矫正

图 11-9　扁钢宽度方向上弯曲的矫正

（2）薄板材料的矫正如图 11-10 所示。薄板中间凸起，矫正时可锤击板料的边缘，从外向里锤击，将材料矫平；薄板边缘呈波浪状，矫正锤击时应从中间向四周反复多次捶打，使其矫平；薄板对角翘曲变形，矫正时应沿另一条没有翘曲的对角线锤击，使其延展而矫平；薄板有微小扭曲时，可用抽条按从左到右顺序抽打平面，使其平整；铜箔、铅箔等薄而软的箔片变形，可将箔片放在平板上，一手按住箔片，一手用木块在变形处挤压，使其延展而实现平整。

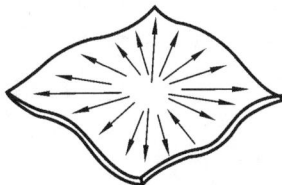

（a）薄板中间凸起　　　　（b）薄板边缘呈波浪状　　　　（c）薄板对角翘曲
图 11-10　薄板材料的矫正

4）伸张法

细长线材矫正如图 11-11 所示。将卷曲线材一端夹在台虎钳上，在钳口处把线材在圆木上向后拉，右手展开线材，线材在拉力作用下伸长而实现矫正。

3．机械矫正方法

（1）用滚板机矫正板料如图 11-12 所示。用滚板机矫正材料时，厚板辊少，薄板辊多，

图 11-11　细长线材矫正

上辊双数,下辊单数。矫正厚度相同的小块材料时,可将其放在一块大面积的厚板上同时滚压多次,并翻转工件,直至矫平。

（a）矫正大块板料　　　　　　　　　　　　（b）矫正厚度相同的小块板料

图 11-12　用滚板机矫正板料

（2）用滚圆机矫正板料如图 11-13 所示。用三辊滚圆机矫正板料时,材料通过反复弯曲变形,应力变均匀,从而被矫正。

（3）用液压机矫正厚板如图 11-14 所示。厚板矫正可在液压机上进行。在工件凸起处施加压力,使材料内应力超过屈服极限,产生塑性变形,从而纠正原有变形。但应适当采用"矫枉过正"的方法,因为在矫正时材料因塑性变形而变得平整,但在卸载后还是可能产生弹性恢复。

（a）第一次正滚　　　　　　（b）第二次反滚

图 11-13　用滚圆机矫正板料

图 11-14　用液压机矫正厚板

任务二 弯 曲

将原来平直的板料或型材弯成所需形状的加工方法称为弯曲。

1. 弯曲原理

弯曲会使材料产生塑性变形,因此只有塑性好的材料才能进行弯曲。图 11-15(a)所示为弯曲前的钢板,图 11-15(b)所示为弯曲后的钢板,它的外层材料伸长,内层材料缩短,而中间一层材料在弯曲后的长度不变,这一层称为中性层。材料弯曲部分的断面,虽然由于拉伸和压缩会产生变形,但其面积保持不变。

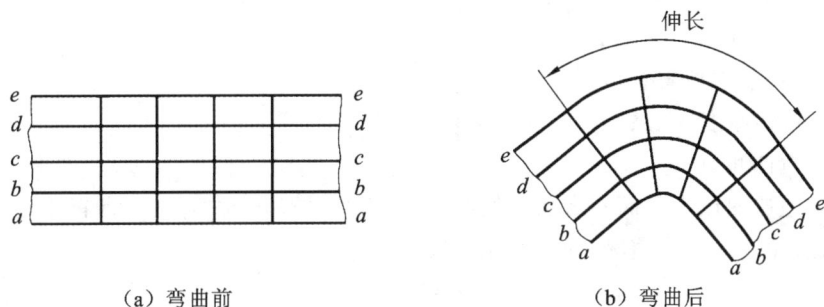

(a) 弯曲前   (b) 弯曲后

图 11-15 钢板弯曲前后的情况

工件经过弯曲后,越靠近材料的表面,金属变形越严重,也越容易出现拉裂或压裂现象。

对于相同材料的弯曲,工件外层材料变形的大小取决于工件的弯曲半径。弯曲的半径越小,外层材料的变形越大。为了防止弯曲件的拉裂,必须限制工件的弯曲半径,使它大于导致材料开裂的临界半径(最小弯曲半径)。试验证明,当弯曲半径大于 2 倍材料厚度时,工件一般不会被拉裂,如果工件的弯曲半径比较小,则应该分两次或多次弯曲,弯曲过程中进行退火。

材料弯曲变形是塑性变形,但是不可避免地存在弹性变形。工件弯曲后,由于弹性变形的恢复,弯曲角度和弯曲半径会发生变化,这种现象称为"回弹"。利用胎具夹成批弯制时,应多弯过一些,以抵消工件的回弹。

2. 弯曲件展开长度的计算

由于工件在弯曲后中性层的长度不变,因此,弯曲件的毛坯长度可按中性层的长度计算。在一般情况下,工件弯曲后,中性层不在材料的正中,而是偏向内层材料的一边。试验证明,中性层的位置与材料的弯曲半径 r 和材料厚度 t 有关。在材料弯曲过程中,其变形大小与下列因素有关,如图 11-16 所示。

① r/t 比值愈小,变形愈大;r/t 比值愈大,则变形愈小。

② 弯曲角 α 愈小,变形愈小;弯曲角 α 愈大,则变形愈大。

由此可见,当材料厚度不变时,弯曲半径愈大,变形愈小,而中性层愈接近材料厚度的中间。若弯曲半径不变,则材料厚度愈小,中性层愈接近材料厚度的中间。因此在不同的弯曲情况下,中性层的位置是不同的,如表 11-1 所示。

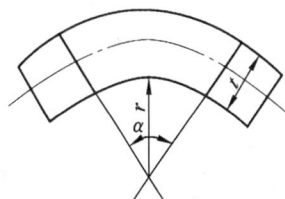

图 11-16 弯曲半径和弯曲角

表 11-1　弯曲中性层位置系数

r/t	0.5	0.8	1	2	3	4	5	6	7	8	10	12	14	>16
x_0	0.25	0.3	0.35	0.37	0.4	0.41	0.43	0.44	0.45	0.46	0.47	0.48	0.49	0.5

　　当弯曲半径 r 大于或等于 16 倍材料厚度 t 时,中性层在材料厚度的中间。在一般情况下,为了简化计算,当 $r/t \geq 5$ 时,按 $x_0 = 0.5$ 计算。

　　内边带圆弧的制件的毛坯长度等于直线部分和圆弧中性层长度的和。圆弧中性层长度可按下列公式计算:

$$L = \pi(r + x_0 t)\alpha/180°$$

式中:L——圆弧部分长度,mm;

　　　r——内弯曲半径,mm;

　　　x_0——中性层位置系数;

　　　t——材料厚度,mm;

　　　α——弯曲角,(°)。

　　对于内边弯曲成直角而不带圆弧的制件,求毛坯的长度时,可按弯曲前后毛坯体积不变的原则,参照实际生产情况,导出简化公式:

$$L = 0.5t$$

3. 弯曲方法

　　工件的弯曲有冷弯和热弯两种。冷弯是指在常温下进行的弯曲,常由钳工完成,适合于材料厚度小于 5 mm 的钢材。当材料厚度大于 5 mm 时,材料在预热后进行的弯曲称为热弯。下面介绍几种简单的手工弯曲。

　　1)板料的弯曲

　　(1)薄板料卷边　在板料的一端划出两条卷边线,$L = 2.5d$ 和 $L_1 = (1/4 \sim 1/3)L$,按图 11-17 所示的步骤弯曲。首先把板料放到平台上,露出 L_1 长度并弯成 90°,边向平台外伸料边弯曲,直到达到长度 L 为止;然后翻转板料,敲打卷边向里扣,穿入合适的芯轴放入卷边内,继续锤扣;最后翻转板料,接口靠紧平台边缘角,轻敲接口咬紧。

图 11-17　薄板料卷边的方法

（2）弯直角工件　当工件形状简单，尺寸不大，且能在台虎钳上夹持时，可在台虎钳上弯制直角。弯曲前先在弯曲部位划好线，线与钳口对齐后夹持工件，工件两边要与钳口垂直，再用木锤在靠近弯曲部位沿全长方向轻轻敲打即可，还可用硬木垫块在弯曲处敲打，如图 11-18 所示。

当工件弯曲部位的长度大于钳口长度，而且工件两端又较长，无法在台虎钳上夹持时，可将一边用压板压在有 T 形槽的平板上，用木锤或在弯曲处垫上方木条进行锤击，使其逐渐弯成直角，如图 11-19 所示。

（a）直接锤击　　　　（b）加垫块锤击
图 11-18　弯直角工件的方法

图 11-19　弯较大板料的方法

（3）弯多直角工件　弯制各种多直角工件如图 11-20 所示，可用木垫或金属垫作为辅助工具，其弯曲步骤如下：首先将板料按划线夹入两块角铁衬内弯 A 角，如图 11-20(b) 所示；然后用衬垫①弯 B 角，如图 11-20(c) 所示；最后用衬垫②弯 C 角，如图 11-20(d) 所示。

（a）多直角形工件　　（b）弯A角　　（c）弯B角　　（d）弯C角
图 11-20　弯多直角工件的方法

（4）弯圆弧形工件　如图 11-21 所示，首先在材料上划好弯曲线，按划线夹在台虎钳的两块角铁衬垫里，然后用方头手锤的窄头锤击。经过图 11-21(b)(c)(d) 所示的 3 步初步成形，最后按图 11-21(e) 所示在半圆模上修整圆弧，使最终形状合格。

（a）圆弧形工件　（b）第一步　（c）第二步　（d）第三步　（e）修整圆弧
图 11-21　弯圆弧形工件的方法

（5）弯圆弧和角度结合的工件　如图 11-22 所示,首先在板料上划好弯曲线,并将两端的圆弧和孔加工好;然后按划线将工件夹在台虎钳的衬垫内,将两端处弯好,如图 11-22(b)所示;最后在圆钢上弯工件的圆弧,如图 11-22(c)所示。

（a）带角度的圆弧工件　　　（b）弯角度　　　（c）弯圆弧

图 11-22　弯圆弧和角度结合工件的方法

2）角钢的弯曲

（1）角钢角度弯曲　角钢角度弯曲有三种形式,如图 11-23 所示。大于 90°的弯曲程度较小;等于 90°的弯曲程度中等;小于 90°的弯曲程度大。弯曲的步骤为:首先计算锯切角 α 的大小;然后划线锯切 α 角槽,锯切时应保证 α/2 角的对称,两边要平整。V 形口的尖角处要清根,以免弯曲后结合不严;最后夹在台虎钳上进行弯曲,边弯曲边捶打弯曲处,如图 11-24 所示。对退火、正火处理的角钢进行弯曲可适当快些,对于未处理过的角钢,弯曲过程中要密打弯曲处,以防产生裂纹。

图 11-23　角钢角度弯曲三种形式

（2）角钢弯圆　角钢的弯圆分为角钢边向里弯圆和向外弯圆两种。一般需要一个与弯圆圆弧一致的弯形工具配合弯曲,必要时也可采用局部加热来进行弯曲。图 11-25(a)所示为角钢边向里弯圆,首先将角钢 a 处与型胎工具夹紧;然后敲打 b 处使之贴靠型胎工具,并将其夹紧;再均匀敲打 c 处,使 c 处平整。角钢边向外弯圆如图 11-25(b)所示,首先将角钢 a′处与型胎工具夹紧;然后敲打 b′处使之贴靠型胎工具,并将其夹紧;再均匀敲打 c′处,防止 c′翘起,使 c′处平整。

（a）锯切α角槽　　　　　　（b）弯曲角钢

图 11-24　角钢角度弯曲方法

（a）角钢边向里弯圆的方法　　　　（b）角钢边向外弯圆的方法

图 11-25　角钢弯圆的方法

3）管子的弯曲

管子的弯曲分冷弯和热弯两种。直径在 12 mm 以下的管子，一般可采用冷弯方法。直径在 12 mm 以上的管子则采用热弯方法。但弯管的最小弯曲半径必须大于管子直径的 4 倍。

当弯曲的管子直径大于 10 mm 时，必须在管内灌满填充材料，如图 11-26 所示，两端用木塞塞紧。对于有焊缝的管子，焊缝必须位于中性层，以免弯曲时焊缝裂开，如图 11-27 所示。

图 11-26　管内灌砂、两端塞木塞　　　　图 11-27　管子弯曲时焊缝位置

　　对于直径较小的管子,可用弯管工具弯曲。弯管工具由底板、转盘、靠铁、钩子和手柄等组成,转盘圆周上和靠铁侧面上有圆弧槽。圆弧槽大小按所弯管子的直径而定(最大直径可制成 12 mm)。转盘和靠铁的位置固定后即可使用。工作时,将管子插入转盘和靠铁的圆弧槽中,用钩子钩住管子,按所需弯曲位置,扳动手柄,使管子跟随手柄弯到所需角度,如图 11-28 所示。

图 11-28　弯管工具

学习情境十二

铆 接

利用铆钉把两个或两个以上的零件或构件连接为一个整体,这种连接方法称为铆接。铆接时,用工具连续锤击或用压力机压铆钉杆端,使铆钉杆充满钉孔,形成铆钉头。目前,在很多结构件连接中,铆接虽已逐渐被焊接所代替,但铆接因具有工艺简单、连接可靠、抗震和耐冲击等优点,在机器、船舶、飞机、车辆、桥梁和工具制造等领域,仍然占有一席之地。

▶▶▶ 任务一 铆接概述

1. 铆接的种类

(1) 根据构件不同的连接要求分类　铆接可分为活动铆接和固定铆接两种。

① 活动铆接　活动铆接又称为连接铆接,活动铆接的结合部位可以相互转动。如手虎钳、剪刀、内外卡钳、合页和划规等工具的铆接。

② 固定铆接　固定铆接是指结合部位固定不动的铆接。

(2) 按用途和工作要求分类　铆接分为如下类型。

① 强固铆接　用于结构需要有足够的强度、能承受强大作用力的铆接,如桥梁、车辆、房屋、立柱和横梁等。

② 紧密铆接　用于低压容器装置以及各种气体、液体管路装置,以及承受压力较小、防渗性能要求很高的低压容器及各种流体管路,如水箱、油罐、气筒等。

③ 强密铆接　用于能承受巨大压力、结合处非常紧密的高压容器,即使在一定压力下,液体和气体也不渗漏,如蒸汽锅炉、压缩空气罐等。

(3) 按照铆接方法的不同分类　铆接分为冷铆、热铆和混合铆三种。

① 冷铆　铆接时,不需要将铆钉加热,在常温下直接镦出铆合头,应用于直径在 8 mm 以下的钢制铆钉。冷铆用的铆钉材料必须具有较好的延展性。

② 热铆　把整个铆钉加热到一定温度后再铆接,铆钉受热后塑性好,容易成形,冷却后能获得较高的结合强度。热铆时铆钉孔直径会变大,使铆钉在加热膨胀时容易插入。直径大于 8 mm 的钢制铆钉大多采用热铆。

③ 混合铆　在采用混合铆时,只需将铆钉的铆合头端部加热到一定温度再铆接。混合铆适用于比较细长的铆钉,以避免铆接时铆钉杆弯曲。

2. 铆接的形式

按照构件不同的要求,铆接可分搭接、对接和角接三种形式。

(1) 搭接　搭接是把一块钢板搭在另一块钢板上进行铆接,搭接有直边连接和折边连

接两种形式,如图 12-1 所示。

（2）对接　对接是将两块钢板置于同一平面,利用盖板铆接,对接有单盖板连接和双盖板连接两种形式,如图 12-2 所示。

（a）直边连接　　　　（b）折边连接

图 12-1　搭接

（a）单盖板连接　　　　（b）双盖板连接

图 12-2　对接

（3）角接　角接是指两块钢板互相垂直或组成一定角度的连接,角接又分为单角钢连接和双角钢连接两种形式,如图 12-3 所示。

（a）单角钢连接　　　　（b）双角钢连接

图 12-3　角接

任务二　铆钉与铆接工具

1. 常用铆钉种类

（1）铆钉根据钉头形状的不同,有平头、半圆头、平沉头、半圆沉头、皮带和空心铆钉等,常用铆钉种类与应用如表 12-1 所示。

（2）铆钉根据制造材料的不同,又分为钢质、铜质和铝制等几种。

表 12-1　常用铆钉种类和用途

名称	形状	应　用
平头铆钉		应用广泛,铆接方便,用于一般无特殊要求的铆接
半圆头铆钉		应用十分广泛,铆接方便,多用于强固铆接和紧密铆接
平沉头铆钉		应用广泛,铆接方便,用于零件表面要求平整部位的铆接
半圆沉头铆钉		应用于有防滑要求部位的铆接
皮带铆钉		应用于机床制动带以及橡胶、皮革材料的铆接
空心铆钉		应用于铆接处有空心要求的部位

2. 铆接工具

常用的手工铆接工具有以下几种。

(1) 手锤　常用的手锤有圆头锤。手锤的大小应根据铆钉直径的大小和材质来选定,一般为 0.5 kg 左右的圆头锤。

(2) 压紧冲头　当铆钉插入铆钉孔后,压紧冲头用于将铆合板料相互压紧贴合并消除间隙,如图 12-4(a)所示。

(a) 压紧冲头　　(b) 罩模　　(c) 顶模

图 12-4　铆接工具

（3）罩模和顶模　罩模和顶模工作部分的形状按铆钉的形状而定，一般制成半圆头的凹球面，用于铆接半圆头铆钉。罩模和顶模的工作部分制成后，需淬硬和抛光。罩模用于铆接时做出完整的铆合头，柄部制成圆柱形，如图 12-4（b）所示。顶模用于铆接时顶住铆钉头部，进行铆接工作，柄部制成两个平行的平面，可在台虎钳上稳固夹持，铆接方便，如图 12-4（c）所示。罩模和顶模都是用中碳钢或 T8 碳素工具钢等制成的。

任务三　铆钉直径与长度的确定和铆接方法

1. 铆钉直径的确定

铆钉直径的大小与被连接板料的厚度有关，铆钉直径一般取板厚的 1.8 倍。铆钉直径与连接板料厚度的关系如表 12-2 所示。

表 12-2　铆钉直径与连接板料厚度的关系　　　　　　　（mm）

板厚 δ	5～6	7～9	10～12	13～18	19～24	＞25
铆钉直径 d	10～12	14～20	20～22	24～28	28～30	30～36

板厚 δ 按下列原则确定：

（1）板材与板材搭接时，如两板厚度相近，取较厚板材的厚度。

（2）板材厚度相差太大时，取较薄板材厚度。

（3）板材与型材铆接时，取两者的平均厚度。

铆钉直径可以在计算后查表进行圆整处理。

2. 铆钉孔直径的确定

铆接时钉孔直径的大小，应根据连接要求的不同有所变化。钉孔直径过小，铆钉插入困难；钉孔直径过大，铆合后工件容易松动，致使铆钉杆弯曲、墩头成形不合要求。无特殊要求时，铆钉直径取 1.8 倍连接板料的厚度，也可查表选取，见表 12-3。

表 12-3　钉孔直径的选取　　　　　　　　　　（mm）

铆钉直径 d		2.0	2.5	3.0	3.5	4.0	5.0	6.0	8.0	10	12	14	16
钻孔直径	精装配	2.1	2.6	3.1	3.6	4.1	5.2	6.2	8.2	10.3	12.4	14.5	16.5
	粗装配	2.2	2.7	3.4	3.9	4.5	5.6	6.6	8.6	11	13	15	17

3. 铆钉长度的确定

铆钉长度对铆接质量有较大的影响。铆接时铆钉所需长度，除了铆接件的总厚度外，还需保留足够的伸出长度，以铆合出完整的铆合头，从而获得足够的铆合强度。铆钉杆长度可用下列方法计算。

（1）半圆头铆钉长度为

$$L = \sum \delta + (1.25 \sim 1.5)d \qquad (12\text{-}1)$$

（2）沉头铆钉长度为

$$L = \sum \delta + (0.8 \sim 1.2)d \qquad (12\text{-}2)$$

式中：L—— 铆钉长度，mm；

$\quad \sum \delta$—— 被铆接材料总厚度，mm；

$\quad d$—— 铆钉直径，mm。

4. 铆钉间距的要求

根据工件结构和铆接工艺的要求，铆接时对铆心距和铆边距有一定的要求。

（1）铆心距 铆接时两铆钉中心线间的距离。铆心距不小于3倍的铆钉直径。

（2）铆边距 铆接时铆钉中心线离材料边缘的距离。若铆钉孔由钻孔制成，则铆边距约为1.5倍的铆钉直径；若铆钉孔由冲孔制成，则铆边距约为2.5倍的铆钉直径。

5. 手工铆接方法

钳工工作范围内的铆接一般多为手工冷铆操作。下面介绍半圆头铆钉铆接步骤、沉头铆钉铆接步骤和空心铆钉铆接步骤。

（1）半圆头铆钉铆接步骤如图12-5所示。

（a）　　　　　（b）　　　　　（c）　　　　　（d）

图 12-5　半圆头铆钉铆接步骤

① 划线，板料配合夹紧钻通孔，两面孔口倒角去毛刺。铆钉插入孔内，用压紧冲头把被铆接件压紧贴实，如图12-5(a)所示。

② 用锤子锤打铆钉伸出部分使其镦粗，如图12-5(b)所示。

③ 用锤子适当倾斜着均匀锤打周边，初步形成铆钉头，如图12-5(c)所示。

④ 用罩模铆打成形，不时地转动罩模，垂直锤打，如图12-5(d)所示。

（2）沉头铆钉铆接步骤如图12-6所示。

沉头铆钉铆接分为两种：一种是用现成的沉头铆钉进行铆接，另一种是用圆钢作为铆钉进行铆接。下面介绍用圆钢作为铆钉的铆接工序。

① 划线，板料配合夹紧钻孔，孔口锪90°锥孔，插入圆钢，注意两端伸出部分应足够充满锥孔。

② 用手锤镦粗两端伸出部分并使其充满锥孔。

③ 铆平一面。

④ 铆平另一面，修平钉头高出部分。

（3）空心铆钉铆接步骤如图 12-7 所示。

图 12-6　沉头铆钉铆接步骤

图 12-7　空心铆钉铆接步骤

① 划线，板料配合夹紧钻通孔，孔口倒角去毛刺，铆钉插入孔内，用锤子打样冲镦压翻边，如图 12-7（a）所示。

② 用圆凸冲头镦压成形，如图 12-7（b）所示。

6. 铆钉的拆卸方法

要拆卸铆接件，先毁坏铆钉的铆合头，然后用工具把铆钉从孔中冲出。对较粗糙的铆接件，可直接用錾子把铆合头錾去，再用工具把铆钉冲出。当铆合件表面不允许受到损伤时，可用钻孔方法卸载。

图 12-8　沉头铆钉的拆卸

（1）沉头铆钉的拆卸　用样冲在铆钉头中心冲出中心眼；用比铆钉直径小 1 mm 的钻头钻孔，钻孔深度略超过铆钉头高度；用小于孔径的冲头将铆钉冲出，如图 12-8 所示。

（2）半圆头铆钉的拆卸　把铆钉头的顶部略微敲平或用锉刀锉平，然后用样冲冲出中心眼；用钻头钻孔，深度为铆合头高度；然后将冲棒放入孔中，将铆钉头折断，冲出铆钉，如图 12-9 所示。

图 12-9　半圆头铆钉的拆卸

任务四 铆接质量分析

铆接时,如果铆钉直径、长度、通孔直径等选择不当,或在操作过程中,某些操作未达到要求,铆接质量就会受到影响,造成铆接废品,带来损失。常见的铆接质量问题见表12-4。

表 12-4 铆接质量分析

序号	质量情况	图示	产生原因	防止措施
1	铆钉偏移或钉杆歪斜		铆接时铆钉枪未放垂直;压力过大,使钉杆弯曲;钉孔倾斜	铆钉枪与钉杆应在同一中心线上;开始铆接时风门小,然后大,钻、铰或冲孔时刀具与板面垂直
2	铆钉头四周未与板件表面密合		孔径过小或者钉杆有毛刺;气压不足;顶钉力不够或者未顶严	铆接前先检查孔径;穿钉前先清除钉杆毛刺和氧化皮;气压不足时应停止铆接
3	铆钉头局部未与板件表面密合		罩模偏移;钉杆长度不够	铆钉枪应保持垂直;计算好铆钉杆长度
4	板件结合面被铆钉胀开		装配时螺栓未紧固或过早地拆卸螺栓;孔径过小;板件间相互贴合不严	铆接前检查板件是否贴合;检查孔径大小是否合适;拧紧螺母,待铆接后,再拆除螺栓
5	铆钉形成突头及磕伤板料		铆钉枪放置不垂直;钉杆长度不足;罩模直径过大	铆接时铆钉枪与板件垂直;计算铆钉杆长度;更换罩模
6	铆钉杆在钉孔内弯曲		铆钉与钉孔的间隙过大	选用适当的铆钉;开始铆接时,小开风门
7	铆钉头有裂纹		铆钉材料塑性不好	检查铆钉材质,测试铆钉塑性

续表

序号	质量情况	图示	产生原因	防止措施
8	铆钉头周围有帽缘		钉杆太长;罩模直径太小;铆接时间过长	正确选择铆钉杆长度;更换罩模;减少过多的打击
9	铆钉头过小,高度不够		铆钉杆较短或孔径过大;罩模直径过大	加长铆钉杆;更换罩模
10	铆钉头上有伤痕		罩模击在铆钉头上	铆接时紧握铆钉枪,防止跳动太高

≫≫ 任务五　粘　　接

1. 粘接的概念

粘接是用黏合剂把不同或相同材料牢固地连接在一起的操作。

粘接效果主要受黏合剂的影响。近年来,随着黏合剂制造技术的日益发展,粘接成形越来越引起人们的重视。粘接工艺操作方便,连接可靠,在各种机械设备制造及修复过程中取得了良好的效果。目前,在新设备制造过程中,已逐步采用粘接技术,可达到以粘代铆、以粘代机械夹固的效果,并可解决过去某些连接方式所不能解决的问题,简化复杂的机械结构和装配工艺。如今,粘接技术已在航空航天、机械、电子、轻工及日常生活中被广泛使用。例如,大型客机上钣金粘接件、战斗机中的粘接蜂窝结构,以及人造卫星上数以千计的太阳能电池,均使用了粘接技术。

2. 黏合剂

1) 黏合剂的分类

(1) 按化学成分分类　黏合剂是以某黏性物质为基料,加入各种添加剂制成的。按基料的化学成分,黏合剂可以分为有机黏合剂和无机黏合剂两大类。

天然的有机黏合剂包括骨胶、松香等;合成的有机黏合剂包括合成树脂、合成橡胶等。硅酸盐、磷酸盐类的黏合剂属于无机黏合剂。

(2) 按用途分类　黏合剂还常按用途分为结构黏合剂和非结构黏合剂两大类。

结构黏合剂连接的接头强度高,具有一定的承载能力;非结构黏合剂主要用于修补、密封和连接软质材料。

2) 常用结构黏合剂的特点和应用范围

(1) 环氧树脂简称环氧胶,是目前使用量最大、使用最广泛的一种结构黏合剂。环氧胶的粘接强度高,可粘材料的范围广,施工工艺性能良好,配制使用方便,固化后体积收缩率较小,产品尺寸稳定,使用温度范围广,且对人体无毒性。各种牌号、各种性能的环氧胶不仅可以从市场上买到,而且可以自行配制或根据需要对黏合剂进行改性,因此环氧胶称得上是"万能胶"。环氧胶的主要缺点是耐热性不够高,产品接头的脆性较大。

(2)聚氨酯胶具有与环氧胶类似的优点,如价廉、工艺简便、可粘材料范围广等,但它的交联度比环氧胶小,性能接近热塑性树脂。用于结构粘接的聚氨酯胶除具备一般聚氨酯胶共同的优点(如弹性好、低温塑性好、起始强度高)之外,在低温下的力学性能(剪切强度、疲劳强度等)也比较出色,是一种常用的低温结构黏合剂。聚氨酯胶的最大缺点是耐温性不够高,湿热老化性能差。

(3)酚醛树脂胶结构黏合剂的特点是粘接力大,适用材料范围广,耐热老化性能好。酚醛树脂胶的刚度较大,粘接结构的长时使用尺寸稳定性好,但疲劳强度相对较小。酚醛树脂胶因为需高温高压固化,所以施工工艺费用较高,另外产品收缩较大等。

(4)聚酰亚胺胶、双马来酰亚胺胶均属于航空航天用高温结构黏合剂,其供货状态一般是低聚物树脂的溶液或胶膜,把它们除覆在胶粘表面后,加以 $0.8 \sim 1.0$ MPa 压力在 230 ~ 250 ℃的温度下固化。聚酰亚胺胶一般较贵,通常必须低温储存,室温下开放储存的寿命仅为几个小时。

(5)丙烯酸酯胶既包括甲基丙烯酸类的厌氧胶,也包括 α-氰基丙烯酸酯类的各种快干胶或瞬间胶。它们共同的优点是单液型、黏度低、固化温度低且固化速度快、粘接强度高、毒性小等。

作为金属结构黏合剂,厌氧胶主要用于轴对称构件的套接、加固及密封,如管道螺纹、法兰面、螺栓锁固、轴与轴套等,它的胶层密封性好,耐高压,耐腐蚀。α-氰基丙烯酸酯胶的适用面极广,但价格较高,耐久性能稍差,不适于大面积粘接,多用于仪器制造业和电子工业中的快速固定等。使用时应注意结合表面不可太粗糙,胶膜应很薄。其开放晾置时间为5~30 s。α-氰基丙烯酸酯胶气味难闻,易黏手。

3. 黏合剂的选择

正确地选择黏合剂一般应遵循以下几项原则。

(1)黏合剂必须能与被黏材料的种类和性质相容。几种被黏材料适用的黏合剂见表12-5。

表 12-5   几种被黏材料适用的黏合剂

被黏材料	环氧胶	酚醛树脂胶	聚氨酯胶	丙烯酸酯胶	双马来酰亚胺胶	聚酰亚胺胶	氰基丙烯酸酯胶	不饱和聚酯胶	有机硅胶
结构钢	△	△	△	△	△	△		△	
铬镍钢	△	△	△	△	△	△			△
铝及铝合金	△	△	△	△	△	△	△		
铜及铜合金	△		△	△	△	△			
钛及钛合金	△	△	△	△	△	△			△
玻璃钢	△	△	△	△	△	△		△	

注:△表示被黏材料适用该种黏合剂。

（2）黏合剂的一般性能应能满足粘接接头使用性能（力学条件和环境条件）要求，并需注意，同一种胶所得的接头性能会因固化条件不同而有较大差异。

（3）考虑粘接工艺的可行性、经济性，以及性能与费用的平衡。

如果粘接接头在较恶劣的环境条件（如湿热环境）下长久承受载荷，则应在选择黏合剂时事先设定性能的下限，只有在模型粘接接头的性能高于这个性能下限的情况下，才可以认为黏合剂的选择是正确的。此性能包括短时和长时的力学性能，以及环境老化性能。

4. 粘接工艺

1）表面处理

粘接前要对粘接面进行表面处理。金属件的表面处理包括清洗、脱脂、机械处理和化学处理等。非金属件一般只进行机械处理和溶剂清洗。

2）预装

表面处理后，应对粘接件进行预装检查，主要检查粘接件之间的接触情况。

3）配胶与涂胶

黏合剂应按其配方配制。在室温下固化的黏合剂，还应考虑其固化时间。

液体黏合剂通常采用刷胶、喷胶等方法涂胶；糊状黏合剂通常采用刮刀刮胶；固体黏合剂通常先制成膜状或棒状再涂在粘接面上。对于粉状黏合剂，则应先熔化再浸胶。

4）合拢和固化

合拢后应适当按、锤、滚压，以挤出微小胶圈为宜。固化温度、压力和时间是最重要的质量控制参数，皆需视黏合剂组分而定。有关参数可以从黏合剂产品说明书或手册中查到。

5）质量检验

早期主要采用敲击法和超声波检验质量，现在还可采用 C 扫描、多层 C 扫描、电磁检验法等。

装　　配

>>> 任务一　装配的基本知识

在生产过程中,按照规定的精度标准和技术要求,将若干个零件组合成部件或将若干个零件组合成最终产品的工艺过程,称为装配。

装配过程一般可分为组件装配、部件装配和总装配。一台复杂的机器往往是先以某一个零件为基准零件,将若干个其他零件装在一起构成"组件",然后将几个组件和零件装在另一个基准零件上构成"部件",最后将几个部件、组件和零件一起装在产品的基准零件上所构成的。

1. 装配工作的重要性

装配工作,是产品制造过程中的最后一道工序。装配质量对整个产品的质量起着决定性的作用。装配工作包括各种装配的准备工作以及部装、总装、调整、检测和试机等工作。通过装配才能形成最终的产品,并保证它具有规定的精度及设计所定的使用功能以及质量要求。如果装配不当,不重视清理工作,不按工艺技术要求进行装配,即使所有零件加工质量都合格,也不一定能够装配出合格的、优质的产品。装配质量较差的产品,精度低、性能差、功耗大、寿命短。相反,虽然某些零部件的质量并不是很高,但经过仔细修配和精确调整后,仍可能装配出性能良好的产品。

2. 装配工艺过程

装配工作是一项非常重要而又细致的工作,应该认真按照产品装配图,制定合理的装配工艺规程,积极采用新的装配工艺,以提高装配精度,达到效率高、质量好和费用少的要求。

产品的装配工艺过程一般由四个部分组成。

1) 装配前的准备工作

(1) 熟悉产品装配图及有关技术文件,了解产品的结构、零件的作用以及相互的连接关系,并对装配零部件配套的品种以及数量加以检查。

(2) 确定装配的方法、顺序并准备所需的工具。

(3) 对装配零件进行清理和洗涤,去掉零件上的毛刺、锈蚀、切屑、油污及其他脏物。检查零件加工质量。

(4) 对有些零部件进行修配工作,有的要进行平衡试验、渗透试验和气密性试验等。

2) 装配工作

比较复杂产品的装配工作应分为部装和总装两个过程。

(1) 部装是指产品进行总装以前的装配工作,凡是将两个以上的零件组合在一起或将零件与几个组件结合在一起,成为一个装配单元的工作,都可以称为部装。把产品划分成若干个装配单元是缩短装配周期的基本措施。

（2）总装是把零件和部件装配成最终产品的过程。产品的总装通常在工厂的装配车间内进行。但在重型、大型机床的总装中,在产品制造厂只进行部装工作,而在产品安装的现场进行总装工作。

3）调整、检测和试运转

（1）调整工作是指调节零件或机构的相互位置、配合间隙、结合面的松紧等,使机构或机器工作协调。

（2）精度检测包括工作精度检测、几何精度检测等。

（3）试运转包括机构或机器运转的灵活性、工作升温、密封、振动、噪声、转速、功率和效率等方面的检查。

4）喷漆、涂油

喷漆是为了防止非加工面的生锈,并可使机器外表美观;涂油可防止工作表面及零件已加工表面生锈。

3. 装配方法

为了保证机器的工作性能和精度,在装配中必须达到零、部件相互配合的规定要求,一般可采用如下四种装配方法。

（1）互换装配法　在装配时各配合零件不经修配、选择或调整即可达到装配精度的装配方法,称为互换装配法。按互换装配法进行装配时装配精度由零件制造精度保证。这种方法对零件的加工精度要求较高,制造费用将随之增大。因此,这种装配方法适用于组成件较少、精度要求不高或大批量生产。

（2）选配法　选配法是将零件的制造公差适当放宽,然后选取其中尺寸相当的零件进行装配,以达到配合要求。选配法又可分为直接选配法和分组选配法两种。

① 直接选配法是指由装配工人直接从一批零件中选择"合适"的零件进行装配。这种方法比较简单,零件不必事先分组。但装配中挑选零件的时间长,装配质量取决于装配工人的技术水平,不宜用于节拍要求较严的大批量生产。

② 分组选配法是将一批零件逐一检测后,按实际尺寸的大小分成若干组,然后将尺寸大的包容件（如孔）与尺寸大的被包容件（如轴）相配,将尺寸小的包容件与尺寸小的被包容件相配。这种装配法的配合精度取决于分组数,增加分组数可以提高装配精度。

（3）调整装配法　在装配时改变产品中可调整零件的相对位置或选用合适的调整件以达到装配精度的方法,称为调整装配法。

（4）修配装配法　在装配时修去指定零件上预留的修配量,以达到装配精度的方法,称为修配装配法。

4. 装配工作的重点和调试

要保证产品的装配质量,主要应按照规定的装配技术要求来装配。不同产品的装配技术要求虽不尽相同,但在装配过程中有以下几点是必须遵守的:

（1）做好工件的清理和清洗工作;

（2）做好润滑工作;

（3）相配零件的配合尺寸要准确；

（4）边装配边检查；

（5）做好试机时的机前检查和启动过程的监视工作。

任务二　螺纹连接的装配

螺纹连接是一种可拆的固定连接，具有结构简单、连接可靠、装拆方便、成本低廉等优点，因而在机械制造中得到普遍应用。

（1）拧紧力矩的确定　为了达到连接紧固、可靠的目的，连接时必须施加拧紧力矩，使螺纹副产生预紧力，从而使螺纹副具有一定的摩擦力矩。

（2）控制螺纹预紧力　控制螺纹预紧力的方法有：测量螺栓的伸长量、采用扭角法和利用专门的工具。

（3）防松装置　连接用的螺纹一般都有自锁能力，但在冲击、振动或变载荷作用下，以及温度变化较大的场合，很容易发生松脱，为了确保连接可靠，必须采取有效的防松措施。螺纹的防松措施按其工作原理可分为利用附加摩擦力防松、机械法防松和铆冲防松。附加摩擦力防松如图 13-1 所示；机械法防松如图 13-2 所示；铆冲防松如图 13-3 所示。

（a）用锁紧螺母防松　　　　　　　（b）用弹簧垫圈防松

图 13-1　附加摩擦力防松

（a）用开口销防松　　　　　　　（b）串联钢丝防松

（c）用带耳止动垫圈防松

图 13-2　机械法防松

（a）螺钉上点铆　　　　（b）侧面点铆

图 13-3　铆冲防松

任务三　键连接的装配

键是用来连接轴和轴上零件的,使它们在周向固定以传递转矩;有的键也可以实现零件的轴向固定或轴向滑动。键是标准件,常用的材料是 45 钢,由专门工厂生产。它具有结构简单、工作可靠、装拆方便等优点,因此在机械行业中得到广泛应用。

根据装配时的松紧状态不同,键连接可分为松键连接、紧键连接和花键连接。松键连接有普通平键、导向平键和半圆键;紧键连接有楔键连接和切向键连接。

（1）松键连接的装配　普通平键两侧面是工作面,工作时,靠键与键槽侧面的挤压传递扭矩。键的上表面与轮毂上键槽底面间留有间隙。松键连接不能承受轴向力,对轴上零件不能起轴向固定作用。图 13-4 所示为普通平键连接,装配方法如下。

图 13-4　普通平键连接

① 清除键槽的棱边。

② 修配键与槽的配合精度及键的长度。

③ 修锉键的圆头(一般装在轴端部的键为平头,装在轴中间的为半圆头)。

④ 安装于轴的键槽中间的键必须与槽底接触,一般采用台虎钳夹紧或敲击等方法。

⑤ 轮毂上的键槽与键配合过紧时,可修整轮毂的键槽。

（2）紧键连接的装配　楔键即为紧键连接,键的上表面和与它相接触的轮槽底面均有 1：100 的斜度,键的侧面与键槽间有一定的间隙,如图 13-5 所示。装配时将键打入而构成紧键连接。紧键连接能传递扭矩并能承受单向轴向力。楔键的装配方法如下。

① 清除键槽棱边。

② 修配键与槽的配合精度,然后把轮毂套在轴上。

③使轴与轮毂键槽对正,在楔键的斜面涂色以检查斜度正确与否,并使接触长度符合要求。

④ 清洗楔键及键槽等,最后把楔键上油后,敲入键槽中。

图 13-5　楔键连接

（3）花键连接的装配　花键连接有固定连接和滑动连接两种方式。它的特点是轴的强度高,传递转矩大,对中性及导向性都很好,但制造成本较高,广泛用于机床、汽车、飞机等制造业。

花键按齿廓形状可分为矩形花键、渐开线花键、三角形花键三种,其中矩形花键用得最广泛,其结构形状如图 13-6 所示。花键三要素为:大径(D)、小径(d)和键宽(b)。花键的定心方式有大径定心、小径定心和齿侧定心三种。国家标准规定采用精度高、质量好的小径定心方式。矩形花键的配合包括定心直径、非定心直径和键宽配合,根据精度要求和松紧来确定。

花键连接的装配要求如下。

① 固定连接的花键。当过盈量较小时可用铜锤轻轻打入;对于过盈量较大的连接,可将套件加热至 80～100 ℃后进行装配。

图 13-6　矩形花键连接的结构形状

② 滑动连接的花键。花键轴与花键孔多为滑动配合,属于滑键形式。在装配前必须清理花键轴和孔上凸起处的毛刺与棱边,以防装配时产生拉毛、咬住现象,最后根据涂色的情况修正它们之间的配合,直到花键孔在轴上能够自由滑动为止。

▶▶▶ 任务四　销连接的装配

销是标准件,销连接是用销把机件连接在一起,使连接件之间不能互相转动或移动。销连接可以起到定位、连接、传递横向力或转矩作用并用作安全装置中的过载切断零件,如图 13-7 所示。常用的销有圆柱销、圆锥销。销的材料一般采用 Q235、35 钢和 45 钢。圆锥销靠微量过盈固定在销孔中,不宜经常装拆,否则会降低定位精度和连接的可靠性,圆锥销有 1∶50 锥度,其小端直径为标准值。圆锥销易于安装,有可靠的自锁性能,定位精度高于圆柱销,且在同一销孔中多次装拆不会影响定位精度和连接的可靠性,所以应用较为广泛。圆柱销和圆锥销的销孔均需铰制。

（a）起定位作用

（b）起连接作用

（c）起保险作用

图 13-7　销连接

（1）圆柱销的装配　圆柱销靠配合时的微量过盈固定,不宜多次装拆。为保证圆柱销与销孔的过盈量,圆柱销和销孔的表面粗糙度要小,一般情况下两零件的销孔应同时钻出,并经铰孔,以保证两零件销孔同轴。装配时,在销子上涂油,用铜棒垫在圆柱销端面上,把销子打入孔中。对于某些定位销,不能用打入法,可用 C 形夹头或压力机把销子压入孔内。

（2）圆锥销的装配　圆锥销大部分是定位销。其优点是装拆方便,可在一个孔内装拆几次,而不降低连接质量。装配后,销子的大端应稍露出零件的表面,或与零件的表面平齐;小头应与零件表面平齐或缩进一些。装配时,被连接的两孔也应同时铰出,圆锥孔铰好后,以能自由将圆锥销插入孔内 80%～85% 的长度为宜,能获得正常的过盈,且圆锥销装入孔中的深度一般也比较适当。有时为了便于取出销子,可采用带螺纹的圆锥销。

➤➤➤　任务五　过盈连接的装配

（1）过盈连接的概念　过盈连接依靠包容件(孔)和被包容件(轴)配合后的过盈量达到紧固连接的目的。

装配后,轴被压缩,直径减小,孔被胀大,直径增大。工作时依靠此压力产生摩擦力来传递转矩和轴向力。过盈连接的对中性好,承载能力强,并能承受一定的冲击力,但配合面的加工要求高。

（2）过盈连接的装配要点。

① 装配前，应对工件进行清理，并将配合表面用油润滑，以防装配时擦伤表面。

② 压入过程应保持连续，速度不宜过快。

③ 压合时应经常用角尺检查，以保证孔与轴的中心线一致。

④ 对于细长的薄壁零件，要特别注意检查其形状偏差，装配时最好垂直压入。

（3）常用的装配方法　常用的装配方法有压入配合法、热胀法、冷缩法等。压入方法及设备如图 13-8 所示。

（a）手锤敲击压入　　　　（b）螺旋压力机压入　　　　（c）C形夹头压入

（d）齿条压力机压入　　　　（e）气动杠杆压力机压入

图 13-8　压入方法及设备

钳工技能训练

》》》 任务一　锉配的基本形式

1. 基本形面类型

锉配加工根据互配件的基本几何形面特点分为垂直形面锉配、角度形面锉配、圆弧形面锉配和综合形面锉配等四大基本形面类型。

（1）垂直形面锉配　垂直形面锉配是指互配件的主要形面特征为垂直平面，如图 14-1 所示。

（a）凹凸体锉配

（b）台阶体锉配

图 14-1　垂直形面锉配

（2）角度形面锉配　角度形面锉配是指互配件的主要形面特征为角度平面，如图 14-2 所示。

（3）圆弧形面锉配　圆弧形面锉配是指互配件的主要形面特征为圆弧面，如图 14-3 所示。

（4）综合形面锉配　综合形面锉配是指互配件的形面为各基本形面的组合，如图 14-4 所示。

2. 基本配合形式

锉配加工根据互配件相互配入的形式特点分为开口锉配、半封闭锉配、封闭锉配、多件锉配、盲配、对称形体锉配、非对称形体锉配和旋转体锉配等八种基本配合形式。

（a）V形体锉配

（b）燕尾体锉配

图 14-2　角度形面锉配

（a）凹凸圆弧体锉配

（b）键形体锉配

图 14-3　圆弧形面锉配

图 14-4　综合形面锉配

（1）开口锉配　将互配件在开放面内进行面对面配入的一种锉配形式称为开口锉配，如图 14-5 所示的单燕尾体锉配、凹凸体锉配等。

（a）单燕尾体锉配　　　　（b）凹凸体锉配

图 14-5　开口锉配

（2）半封闭锉配　将锉配件在半封闭面内进行轴向配入的一种锉配形式称为半封闭锉配，其特点是腔大口小，如图 14-6 所示的燕尾体锉配、T 形体锉配等。

（3）封闭锉配　将锉配件在封闭面内进行轴向配入的一种锉配形式称为封闭锉配，如图 14-7 所示的四方体锉配、键形体锉配等。

（a）燕尾体锉配　　　　（b）T形体锉配　　　　（a）四方体锉配　　　　（b）键形体锉配

图 14-6　半封闭锉配　　　　　　　　　　图 14-7　封闭锉配

（4）多件锉配　将多个锉配件（3 件及以上）互相组合在一起的锉配形式称为多件锉配，如图 14-8（a）所示的开口三角体锉配，图 14-8（b）所示的封闭三角体锉配等。

（5）盲配　在一个工件的两端分别加工出开口对配的凸件和凹件，然后在工件的中间锯出一定长度的锯缝，只在检测时才将其锯断分离，这种不能试配加工的锉配形式称为盲配（盲配主要用于锉配练习和竞赛），如图 14-9（a）所示的凸凹体盲配，图 14-9（b）所示的工形体盲配等。

（a）开口三角体锉配　　　　（b）封闭三角体锉配　　　　（a）凸凹体盲配　　　　（b）工形体盲配

图 14-8　多件锉配　　　　　　　　　　图 14-9　盲配

⟫⟫⟫ 任务二　斜滑块的制作

1）目的要求

（1）掌握钳工基本理论知识。

（2）掌握划线的基本方法。

（3）掌握锯削加工的方法。

（4）掌握锉削加工的方法。

（5）掌握孔加工的方法。

（6）掌握测量与检验的方法。

（7）掌握正确的加工步骤。

2）试件图

名称：斜滑块。材料：45 钢。试件图如图 14-10 所示。

技术要求：

1. 工件去毛刺，孔口倒角 C0.5。

2. 工件两大平面不得有划痕。

图 14-10　斜滑块

斜滑块的制作（上）　　斜滑块的制作（中）　　斜滑块的制作（下）　　斜滑块的制作

>>> 任务三　六角螺母的制作

1）目的要求

（1）掌握钳工基本理论知识。

（2）掌握划线的基本方法。

（3）掌握锯削加工的方法。

（4）掌握锉削加工的方法。

（5）掌握孔加工的方法。

（6）掌握攻螺纹的方法。

（7）掌握测量与检验的方法。

（8）掌握正确的加工步骤。

2）试件图

名称：六角螺母。材料：45 钢。试件图如图 14-11 所示。

图 14-11　六角螺母

六角螺母的制作（上）

六角螺母的制作（中）

六角螺母的制作（下）

>>> 任务四　手锤的制作

1）目的要求

（1）掌握钳工基本理论知识。

（2）掌握划线的基本方法。

（3）掌握錾削加工的方法。

（4）掌握锯削加工的方法。

（5）掌握锉削加工的方法。

（6）掌握孔加工的方法。

（7）掌握测量与检验的方法。

（8）掌握正确的加工步骤。

2）试件图

名称：手锤。材料：45 钢。试件图如图 14-12 所示。

图 14-12　手锤

手锤的制作（上）　　　　手锤的制作（中）　　　　手锤的制作（下）

>>> 任务五　多角样板的制作

1）目的要求

（1）掌握钳工基本理论知识。

（2）掌握划线的基本方法。

（3）掌握锯削加工的方法。

（4）掌握锉削加工的方法。

（5）掌握孔加工的方法。

（6）掌握测量与检验的方法。

（7）掌握正确的加工步骤。

2）试件图

名称：多角样板。材料：45 钢。试件图如图 14-13 所示。

图 14-13　多角样板

任务六　燕尾板的制作

1）目的要求

（1）掌握钳工基本理论知识。

（2）掌握划线的基本方法。

（3）掌握锯削加工的方法。

（4）掌握锉削加工的方法。

（5）掌握孔加工的方法。

（6）掌握测量与检验的方法。

（7）掌握正确的加工步骤。

2）试件图

名称：燕尾板。材料：Q235。试件图如图 14-14 所示。

图 14-14 燕尾板

燕尾板的制作（上）　　　　燕尾板的制作（中）　　　　燕尾板的制作（下）

≫≫≫ 任务七　单斜配合副的制作

1）目的要求

（1）掌握钳工基本理论知识。

（2）掌握划线的基本方法。

（3）掌握锯削加工的方法。

（4）掌握锉削加工的方法。

（5）掌握孔加工的方法。

（6）掌握测量与检验的方法。

（7）掌握正确的加工步骤。

2）试件图

名称：单斜配合副。材料：Q235。试件图如图 14-15 所示。

图 14-15　单斜配合副

>>> 任务八　刀口直角尺的制作

1) 目的要求

(1) 掌握钳工基本理论知识。

(2) 掌握划线的基本方法。

(3) 掌握锯削加工的方法。

(4) 掌握锉削加工的方法。

(5) 掌握孔加工的方法。

(6) 掌握测量与检验的方法。

(7) 掌握正确的加工步骤。

2) 试件图

名称:刀口直角尺。材料:45 钢。试件图如图 14-16 所示。

技术要求
未注公差按GB/T 1804—m。

图 14-16 刀口直角尺

刀口直角尺的制作（上）　　　刀口直角尺的制作（中）　　　刀口直角尺的制作（下）

⫸⫸⫸ 任务九　点检锤的制作

1）目的要求

（1）掌握钳工基本理论知识。

（2）掌握划线的基本方法。

（3）掌握锯削加工的方法。

（4）掌握锉削加工的方法。

（5）掌握孔加工的方法。

（6）掌握测量与检验的方法。

（7）掌握正确的加工步骤。

2）试件图

名称：点检锤。材料：45 钢。试件图如图 14-17 所示。

$\sqrt{\frac{Ra\ 3.2}{}}\ (\sqrt{})$

技术要求
未注尺寸公差按GB/T 1804—m。

图 14-17 点检锤

⟫⟫⟫ 任务十 对开夹板的制作

1)目的要求

(1)掌握钳工基本理论知识。

(2)掌握划线的基本方法。

(3)掌握锯削加工的方法。

(4)掌握锉削加工的方法。

(5)掌握孔与螺纹的加工方法。

(6)掌握测量与检验的方法。

(7)掌握正确的加工步骤。

2)试件图

名称:对开夹板。材料:45钢。件数:一副(2件)。试件图如图14-18所示。

图 14-18　对开夹板

>>> 任务十一　凸凹配的制作

1）目的要求

（1）掌握钳工基本理论知识。

（2）掌握划线的基本方法。

（3）掌握锯削加工的方法。

（4）掌握锉削加工的方法。

（5）掌握孔加工的方法。

（6）掌握测量与检验的方法。

（7）掌握正确的加工步骤。

2）试件图

名称:凸凹配。材料:45 钢。试件图如图 14-19 所示。

（a）凸件

（b）凹件

技术要求

1.以凸件为基准件，凹件为配作件。

2.换向配合间隙<0.10 mm。

图 14-19　凸凹配

任务十二　简易弯曲模的制作

1）目的要求

（1）掌握钳工基本理论知识。

（2）掌握划线的基本方法。

（3）掌握锯削加工的方法。

（4）掌握錾削加工的方法。

（5）掌握锉削加工的方法。

（6）掌握孔加工的方法。

（7）掌握螺纹加工的方法。

（8）掌握测量与检验的方法。

（9）掌握正确的加工步骤。

（10）掌握装配的方法。

2）试件图

（1）名称：简易弯曲模。装配图如图14-20所示。其由凸模、凹模、上模座板和下模座板组装而成。

（2）名称：凸模。材料：45钢。试件图如图14-21所示。

（3）名称：凹模。材料：45钢。试件图如图14-22所示。

图 14-20 简易弯曲模

图 14-21　凸模

图 14-22　凹模

（4）名称：上模座板。材料：45 钢。试件图如图 14-23 所示。

（5）名称：下模座板。材料：45 钢。试件图如图 14-24 所示。

图 14-23　上模座板

图 14-24　下模座板

任务十三　32 mm 桌虎钳制作练习

（1）实训内容　本实训工件为 32 mm 桌虎钳，其图样如图 14-25 所示，根据要求进行 32 mm 桌虎钳制作练习。

技术要求
1.钳口配合间隙≤0.20 mm。
2.丝杠螺旋副转动灵活。

（a）装配图

技术要求
1.R3、R6、R7、R14内外圆弧面线轮廓度≤0.1 mm。
2.R6圆弧凸台和R14圆弧面做清根处理。
3.未注尺寸公差按GB/T 1804—m。

（b）固定钳身

图 14-25　32 mm 桌虎钳制作

（c）活动钳身

技术要求
1.M6螺纹底孔与固定钳身配钻。
2.燕尾槽清角1×1 mm。
3.R3、R5、R6、R7内外圆弧面线轮廓度≤0.10 mm。
4.R6圆弧凸台做清根处理。
5.未注尺寸公差按GB/T 1804—m。

（d）G形夹

技术要求
1.2×M4螺纹底孔与固定钳身配钻。
2.未注尺寸公差按GB/T 1804—m。

续图 14-25

丝杠

丝杠手柄

燕尾板

夹紧手柄

技术要求
未注尺寸公差按GB/T 1804—m。

（e）配件

续图 14-25

（2）材料准备与课时要求。

所需材料与课时如表 14-1 所示。

表 14-1　材料准备与课时要求

工 件 名 称	材　　料	毛坯尺寸/mm	件　　数	课时（节）
固定钳身	HT200	85×38×52	1	
活动钳身			1	
G 形夹	Q235 钢板	40	1	
丝杠	45 钢圆钢	车制毛坯 $\phi 10 \times 80$	1	78
燕尾板	Q235 钢板	40×20×5	1	
夹紧手柄	Q235	用 M6×40 螺栓改制	1	
丝杠手柄	Q235 钢丝	$\phi 4 \times 50$	1	

（3）工具、量具、辅具准备。

① 工具：14″粗齿平锉 1 把、12″中齿平锉 1 把、10″中齿圆锉 1 把、10″细齿平锉 1 把、8″双细齿平锉 1 把、8″粗齿圆锉 1 把、8″细齿圆锉 1 把、6″粗齿圆锉 1 把、6″细齿圆锉 1 把、整形锉 1 套、划针、划规、样冲、小手锤、手用锯弓 1 把、扁錾 1 把、手锤 1 把。

② 量具：钢直尺、游标卡尺、高度游标卡尺、刀形样板平尺、塞尺、$R1\sim 6.5$ mm 半径样板、$R7\sim 14.5$ mm 半径样板。

③ 辅具：毛刷、甲基紫、红丹油、铜丝刷、粉笔、砂布。

（4）练习步骤。

① 根据图样检查工件坯料尺寸。

② 将钳身毛坯经錾削、锉削加工至 80 mm×32 mm×52 mm。

③ 按图样划出固定钳身、活动钳身分离加工线。

④ 钻 $\phi 18$ mm 孔后锯削分离钳身。

⑤ 固定钳身形面加工。

⑥ 活动钳身形面加工。

⑦ 燕尾板加工。

⑧ 燕尾槽锉配加工。

⑨ G 形夹弯形加工。

⑩ 固定钳身钻孔加工。

⑪ 活动钳身钻孔加工。

⑫ 活动钳身与 G 形夹配钻孔加工。

⑬ 固定钳身、活动钳身、G 形夹、垫块内螺纹加工。

⑭ 丝杠、丝杠手柄、G 形夹手柄外螺纹加工。

⑮ 丝杠手柄铆接加工。

⑯ 两钳口面网纹加工。

⑰ 装配并进行适当修整加工。

⑱ 对固定钳身、活动钳身形面和其他零件进行光整加工。

⑲ 交件待验。

（5）成绩评定　成绩评定如表 14-2 所示。

表 14-2　桌虎钳制作成绩评定表

序号	项目及技术要求	配分	评 定 方 法	实测记录	得分
固定钳身					
1	(46、32、28、25、22)mm±0.1 mm	5	符合要求得分		
2	(11±0.05)mm	3	符合要求得分		
3	(80±0.5)mm	1	符合要求得分		
4	(R3、R6、R7)线轮廓度≤0.1 mm	9	符合要求得分		
5	R14 线轮廓度≤0.1 mm	6	符合要求得分		
6	平面度 0.08 mm(7 处)	7	符合要求得分		
7	形面对称度 0.20 mm	4	符合要求得分		
8	平行度 0.10 mm	1	符合要求得分		
9	垂直度 0.10 mm(4 处)	4	符合要求得分		
活动钳身					
10	(40、35、31、28、20)mm±0.1 mm	5	符合要求得分		
11	(15、5)mm±0.15 mm	2	符合要求得分		
12	(11±0.2)mm	1	符合要求得分		
13	(R3、R5、R6、R7)线轮廓度≤0.1 mm	12	符合要求得分		
14	平面度 0.08 mm(2 处)	2	符合要求得分		
15	燕尾槽对称度 0.20 mm	5	符合要求得分		
16	形面对称度 0.20 mm	4	符合要求得分		
17	垂直度 0.10 mm	1	符合要求得分		
配合					
18	燕尾槽锉配质量(目测估判)	3	符合要求得分		
19	钳口配合间隙≤0.20 mm	5	符合要求得分		
20	钳口面网纹清晰、整齐(2 处)	4	符合要求得分		

序号	项目及技术要求	配分	评 定 方 法	实测记录	得分
21	钻/扩孔、攻/套螺纹质量(目测估判)	5	符合要求得分		
22	丝杠螺旋副转动灵活	5	符合要求得分		
23	表面粗糙度 $Ra \leqslant 3.2 \ \mu m$(总体目测估判)	4	符合要求得分		
24	工具、量具、刃具摆放合理	2	符合要求得分		
25	安全操作		违反一次由总分扣5分		

钳工技能考核试题

通过各钳工技能等级考核典型试题的练习,学习者有望进一步提高锉配操作技能和实际钳工工作水平,为今后参加钳工技能等级考核做好充分准备。

》》》 任务一 初级工技能考核试题

1. 单燕尾形体开口锉配

1)考件图样

考件图样如图 15-1 所示。

(a)件1(凸体)

(b)件2(凹体)

图 15-1 单燕尾形体开口锉配

（c）装配图

技术要求

1. 件 1 与件 2 配合间隙≤0.08 mm。

2. 配合错位量≤0.30 mm。

3. 锐角倒钝 0.3×45°。

4. 不准使用砂布或油石修磨加工面。

续图 15-1

2）考件材料

考件材料为 Q235 钢。

3）考核要求

（1）考核内容。

① 尺寸公差、几何公差、表面粗糙度值应达到要求。

② 图样中未注公差按 GB/T 1804—2000 标准 IT12～IT14 规定的要求加工。

（2）工时定额　6 h。

（3）安全文明生产。

① 能正确执行安全技术操作规程。

② 能按企业有关文明生产的规定，做到工作场地整洁，工件、工具、量具摆放整齐。

4）评分表

评分表如表 15-1 所示。

表 15-1　制作单燕尾形体开口锉配评分表

项目	序号	考 核 要 求	配分	评 定 标 准	实测记录	得分
件 1	1	$(\phi 8^{+0.08}_{0})$mm	3	超差不得分		
	2	(40 ± 0.04)mm	3	超差不得分		
	3	(60 ± 0.04)mm	3	超差不得分		
	4	$(25^{0}_{-0.08})$mm	3	超差不得分		

项目	序号	考核要求	配分	评定标准	实测记录	得分
件1	5	(10 ± 0.15)mm	2	超差不得分		
	6	$(14_{-0.1}^{\ 0})$mm(2处)	2×2	一处超差扣2分		
	7	$60°\pm6'$	8	超差不得分		
	8	对称度公差≤0.15 mm	5	超差不得分		
	9	平面度公差≤0.04 mm(8处)	8×0.5	一处超差扣0.5分		
	10	垂直度公差≤0.05 mm(9处)	9×0.5	一处超差扣0.5分		
	11	平行度公差≤0.05 mm	2	超差不得分		
	12	表面粗糙度 Ra≤3.2 μm(8处)	8×0.5	一处超差扣0.5分		
件2	13	$(\phi8_{\ 0}^{+0.08})$mm	3	超差不得分		
	14	(40 ± 0.04)mm	3	超差不得分		
	15	(60 ± 0.04)mm	3	超差不得分		
	16	(10 ± 0.15)mm	2	超差不得分		
	17	对称度公差≤0.15 mm	3	超差不得分		
	18	平面度公差≤0.04 mm(8处)	8×0.5	一处超差扣0.5分		
	19	垂直度公差≤0.05 mm(9处)	9×0.5	一处超差扣0.5分		
	20	平行度公差≤0.05 mm	2	超差不得分		
	21	表面粗糙度 Ra≤3.2 μm(8处)	8×0.5	一处超差扣0.5分		
配合	22	(45 ± 0.3)mm	3	超差不得分		
	23	(65 ± 0.12)mm	3	超差不得分		
	24	配合间隙≤0.08 mm(5处)	5×2	一处超差扣2分		
	25	配合错位量≤0.30 mm	4	超差不得分		
安全文明生产	26	1.根据国家(或行业、企业)颁发的有关规定 2.工具、量具、夹具与零件摆放合理 3.场地整洁		由总得分中扣除,扣分不超过10分		
工时定额	27	6 h	6	超差不得分		

2. 五边形体封闭锉配

1)考件图样

考件图样如图15-2所示。

（a）件1（五面体）

（b）件2（五面孔板）

技术要求

1.件1与件2配合间隙≤0.08 mm。

2.件1翻转180°换位配合间隙≤0.08 mm。

3.换位配合错位量≤0.30 mm。

4.锐角倒钝0.3×45°。

5.不准使用砂布或油石修磨加工面。

图 15-2　五边形体封闭锉配

2）考件材料

考件材料为 Q235 钢。

3）考核要求

（1）考核内容。

① 尺寸公差、几何公差、表面粗糙度值应达到要求。

② 图样中未注公差按 GB/T 1804—2000 标准 IT12～IT14 规定的要求加工。

（2）工时定额　6 h。

（3）安全文明生产。

① 能正确执行安全技术操作规程。

② 能按企业有关文明生产的规定，做到工作场地整洁，工件、工具、量具摆放整齐。

4）评分表

评分表如表 15-2 所示。

表 15-2　五边形体封闭锉配评分表

项目	序号	考 核 要 求	配分	评 定 标 准	实测记录	得分
件 1	1	$(30_{-0.06}^{0})$mm	3	超差不得分		
	2	$(20_{0}^{+0.05})$mm	3	超差不得分		
	3	$120°\pm6'$（2 处）	2×4	一处超差扣 4 分		
	4	平面度公差≤0.04 mm（5 处）	5×1	一处超差扣 1 分		
	5	垂直度公差≤0.05 mm（5 处）	5×1	一处超差扣 1 分		
	6	平行度公差≤0.05 mm	2	超差不得分		
	7	表面粗糙度 Ra≤3.2 μm（5 处）	5×1	一处超差扣 1 分		
	8	表面粗糙度 Ra≤6.3 μm（2 处）	2×1	一处超差扣 1 分		
件 2	9	$(\phi8_{0}^{+0.05})$mm（2 处）	2×2	一处超差扣 2 分		
	10	$(20_{0}^{+0.05})$mm	3	超差不得分		
	11	$(15_{-0.05}^{0})$mm	3	超差不得分		
	12	(15 ± 0.15)mm	3	超差不得分		
	13	(45 ± 0.15)mm	3	超差不得分		
	14	(60 ± 0.15)mm	3	超差不得分		
	15	平面度公差≤0.04 mm（5 处）	5×1	一处超差扣 1 分		
	16	垂直度公差≤0.05 mm（5 处）	5×1	一处超差扣 1 分		

续表

项目	序号	考核要求	配分	评定标准	实测记录	得分
件2	17	平行度公差≤0.05 mm	2	超差不得分		
	18	表面粗糙度 Ra≤1.6 μm（2处）	2×2	一处超差扣2分		
	19	表面粗糙度 Ra≤3.2 μm（9处）	9×1	一处超差扣1分		
	20	表面粗糙度 Ra≤6.3 μm（2处）	2×1	一处超差扣1分		
配合	21	件1与件2配合间隙≤0.08 mm（5处）	5×1.5	一处超差扣1.5分		
	22	件1翻转180°换位配合间隙≤0.08 mm（5处）	5×1.5	一处超差扣1.5分		
	23	换位配合错位量≤0.30 mm	2	超差不得分		
安全文明生产	24	1.根据国家（或行业、企业）颁发的有关规定 2.工具、量具、夹具与零件摆放合理 3.场地整洁		由总得分中扣除，扣分不超过10分		
工时定额	25	6 h	4	超差不得分		

3. T形体开口锉配

1）考件图样

考件图样如图 15-3 所示。

（a）件1（凸体）

技术要求

1.件1与件2配合间隙≤0.08 mm。

2.件1翻转180°换位配合间隙≤0.08 mm。

3.换位配合错位量≤0.30 mm。

4.锐角倒钝 0.3×45°。

5.不准使用砂布或油石修磨加工面。

图 15-3 T形体开口锉配

（b）件2（凹体）

续图 15-3

2）考件材料

考件材料为 Q235 钢。

3）考核要求

（1）考核内容。

① 尺寸公差、几何公差、表面粗糙度值应达到要求。

②图样中未注公差按 GB/T 1804—2000 标准 IT12～IT14 规定的要求加工。

（2）工时定额　6 h。

（3）安全文明生产。

① 能正确执行安全技术操作规程。

② 能按企业有关文明生产的规定，做到工作场地整洁，工件、工具、量具摆放整齐。

4）评分表

评分表如表 15-3 所示。

表 15-3　T 形体开口锉配评分表

项目	序号	考核要求	配分	评定标准	实测记录	得分
件 1	1	$(60_{-0.06}^{0})$ mm	3	超差不得分		
	2	$(30_{-0.06}^{0})$ mm	3	超差不得分		
	3	$(26_{-0.05}^{0})$ mm	3	超差不得分		
	4	$(18_{-0.05}^{0})$ mm	3	超差不得分		
	5	$(20_{0}^{+0.05})$ mm	3	超差不得分		
	6	平面度公差≤0.04 mm（8 处）	8×0.5	一处超差扣 0.5 分		
	7	垂直度公差≤0.05 mm（8 处）	8×0.5	一处超差扣 0.5 分		

续表

项目	序号	考 核 要 求	配分	评定标准	实测记录	得分
件1	8	平行度公差≤0.05 mm	3	超差不得分		
	9	对称度公差≤0.05 mm	4	超差不得分		
	10	表面粗糙度 Ra≤3.2 μm(8 处)	8×0.5	一处超差扣 0.5 分		
	11	表面粗糙度 Ra≤6.3 μm(2 处)	2×0.5	一处超差扣 0.5 分		
件2	12	($\phi 8^{+0.05}_{0}$)mm(2 处)	2×3	一处超差扣 3 分		
	13	($20^{+0.05}_{0}$)mm	3	超差不得分		
	14	($50^{0}_{-0.06}$)mm	3	超差不得分		
	15	(15 ± 0.15)mm	3	超差不得分		
	16	(20 ± 0.15)mm	3	超差不得分		
	17	(80 ± 0.15)mm	3	超差不得分		
	18	平面度公差≤0.04 mm(11 处)	11×0.5	一处超差扣 0.5 分		
	19	垂直度公差≤0.05 mm(11 处)	11×0.5	一处超差扣 0.5 分		
	20	对称度公差≤0.05 mm	4	超差不得分		
	21	表面粗糙度 Ra≤1.6 μm(2 处)	2×0.5	一处超差扣 0.5 分		
	22	表面粗糙度 Ra≤3.2 μm(11 处)	11×0.5	一处超差扣 0.5 分		
	23	表面粗糙度 Ra≤6.3 μm(2 处)	2×0.5	一处超差扣 0.5 分		
配合	24	件1与件2配合间隙≤0.08 mm(7 处)	7×1	一处超差扣 1 分		
	25	件1翻转180°换位配合间隙≤0.08 mm(7 处)	7×1	一处超差扣 1 分		
	26	换位配合错位量≤0.30 mm	2	超差不得分		
安全文明生产	27	1.根据国家(或行业、企业)颁发的有关规定 2.工具、量具、夹具与零件摆放合理 3.场地整洁		由总得分中扣除,扣分不超过 10 分		
工时定额	28	6 h	5.5	超差不得分		

任务二　中级工技能考核试题

1. 十字形体封闭锉配

1)考件图样

考件图样如图 15-4 所示。

（a）件1（十字体）

（b）件2（十字孔板）

技术要求

1. 件 1 与件 2 配合间隙≤0.06 mm。

2. 件 1 翻转 180°换位配合间隙≤0.06 mm。

3. 件 1 旋转 3 次换位配合间隙≤0.06 mm。

4. 锐角倒钝 0.3×45°。

5. 不准使用砂布或油石修磨加工面。

图 15-4　十字形体封闭锉配

2）考件材料

考件材料为 Q235 钢。

3）考核要求

（1）考核内容。

① 尺寸公差、几何公差、表面粗糙度值应达到要求。

② 图样中未注公差按 GB/T 1804—2000 标准 IT12～IT14 规定的要求加工。

（2）工时定额　6 h。

（3）安全文明生产。

① 能正确执行安全技术操作规程。

② 能按企业有关文明生产的规定，做到工作场地整洁，工件、工具、量具摆放整齐。

4）评分表

评分表如表 15-4 所示。

表 15-4　十字形体封闭锉配评分表

项目	序号	考核要求	配分	评定标准	实测记录	得分
件1	1	$(20_{-0.04}^{0})$mm（4 处）	4×2	一处超差扣 2 分		
	2	$(50_{-0.04}^{0})$mm（2 处）	2×2	一处超差扣 2 分		
	3	平面度公差≤0.03 mm（12 处）	12×0.5	一处超差扣 0.5 分		
	4	垂直度公差≤0.04 mm（12 处）	12×0.5	一处超差扣 0.5 分		
	5	平行度公差≤0.04 mm（6 组）	6×0.5	一处超差扣 0.5 分		
	6	对称度公差≤0.04 mm（4 处）	4×1	一处超差扣 1 分		
	7	表面粗糙度 Ra≤3.2 μm（12 处）	12×0.5	一处超差扣 0.5 分		
件2	8	$(\phi 8_{0}^{+0.04})$mm（4 处）	4×2	一处超差扣 2 分		
	9	(40 ± 0.1)mm（4 处）	4×0.5	一处超差扣 0.5 分		
	10	垂直度公差≤0.04 mm（12 处）	12×0.5	一处超差扣 0.5 分		
	11	表面粗糙度 Ra≤1.6 μm（4 处）	4×0.5	一处超差扣 0.5 分		
	12	表面粗糙度 Ra≤3.2 μm（12 处）	12×0.5	一处超差扣 0.5 分		
配合	13	件 1 与件 2 配合间隙≤0.06 mm（12 处）	12×1	一处超差扣 1 分		
	14	件 1 翻转 180°换位配合间隙≤0.06 mm（12 处）	12×1	一处超差扣 1 分		
	15	件 1 旋转 3 次换位配合间隙≤0.06 mm	12×1	一处超差扣 1 分		
安全文明生产	16	1.根据国家（或行业、企业）颁发的有关规定 2.工具、量具、夹具与零件摆放合理 3.场地整洁		由总得分中扣除，扣分不超过 10 分		
工时定额	17	6 h	3	超差不得分		

2. 等六边形体封闭锉配

1）考件图样

考件图样如图 15-5 所示。

（a）件1（六面体）

（b）件2（六面孔板）

技术要求

1.件 1 与件 2 配合间隙≤0.06 mm。

2.件 1 翻转 180°换位配合间隙≤0.06 mm。

3.件 1 旋转 5 次换位配合间隙≤0.06 mm。

4.锐角倒钝 0.3×45°。

5.不准使用砂布或油石修磨加工面。

图 15-5　等六边形体封闭锉配

2）考件材料

考件材料为 Q235 钢。

3）考核要求

（1）考核内容。

① 尺寸公差、几何公差、表面粗糙度值应达到要求。

② 图样中未注公差按 GB/T 1804—2000 标准 IT12～IT14 规定的要求加工。

（2）工时定额 6 h。

（3）安全文明生产。

① 能正确执行安全技术操作规程。

② 能按企业有关文明生产的规定，做到工作场地整洁，工件、工具、量具摆放整齐。

4）评分表

评分表如表 15-5 所示。

表 15-5 等六边形体封闭锉配评分表

项目	序号	考 核 要 求	配分	评 定 标 准	实测记录	得分
件 1	1	(20 ± 0.04)mm（6 处）	6×1	一处超差扣 1 分		
	2	$(40_{-0.05}^{0})$mm（3 处）	3×2	一处超差扣 2 分		
	3	$(\phi10_{0}^{+0.04})$mm	1	超差不得分		
	4	$120°\pm5'$（6 处）	6×4	一处超差扣 4 分		
	5	平面度公差≤0.03 mm（6 处）	6×1	一处超差扣 1 分		
	6	垂直度公差≤0.04 mm（6 处）	6×1	一处超差扣 1 分		
	7	平行度公差≤0.04 mm（3 组）	3×2	一处超差扣 2 分		
	8	表面粗糙度 Ra≤3.2 μm（6 处）	6×1	一处超差扣 1 分		
	9	表面粗糙度 Ra≤1.6 μm	1	超差不得分		
件 2	10	平面度公差≤0.03 mm（6 处）	6×1	一处超差扣 1 分		
	11	垂直度公差≤0.04 mm（6 处）	6×1	一处超差扣 1 分		
	12	表面粗糙度 Ra≤3.2 μm（6 处）	6×1	一处超差扣 1 分		
配合	13	件 1 与件 2 配合间隙≤0.06 mm（6 处）	6×1	一处超差扣 1 分		
	14	件 1 翻转 180°换位配合间隙 ≤0.06 mm（6 处）	6×1	一处超差扣 1 分		

项目	序号	考核要求	配分	评定标准	实测记录	得分
配合	15	件1旋转5次换位配合间隙 ≤0.06 mm	6×1	一处超差扣1分		
安全 文明 生产	16	1.根据国家(或行业、企业)颁发的有关规定 2.工具、量具、夹具与零件摆放合理 3.场地整洁		由总得分中扣除, 扣分不超过10分		
工时定额	17	6 h	2	超差不得分		

3. 45°凸凹形体开口锉配

1) 考件图样

考件图样如图15-6所示。

（a）件1（斜面凸体）

图15-6　45°凸凹形体开口锉配

（b）件2（斜面凹体）

（c）装配图

技术要求

1.件1与件2配合间隙≤0.06 mm。

2.件1翻转180°换位配合间隙≤0.06 mm。

3.换位配合错位量≤0.20 mm。

4.锐角倒钝0.3×45°。

5.不准使用砂布或油石修磨加工面。

续图 15-6

2）考件材料

考件材料为 45 钢。

3）考核要求

（1）考核内容。

① 尺寸公差、几何公差、表面粗糙度值应达到要求。

② 图样中未注公差按 GB/T 1804—2000 标准 IT12～IT14 规定的要求加工。

（2）工时定额　6 h。

（3）安全文明生产。

① 能正确执行安全技术操作规程。

② 能按企业有关文明生产的规定，做到工作场地整洁，工件、工具、量具摆放整齐。

4）评分表

评分表如表 15-6 所示。

表 15-6　45°凸凹形体开口锉配评分表

项目	序号	考 核 要 求	配分	评 定 标 准	实测记录	得分
件 1	1	(20 ± 0.15)mm（2 处）	2×1	一处超差扣 1 分		
	2	(80 ± 0.03)mm（2 处）	2×2	一处超差扣 2 分		
	3	$(30_{-0.04}^{0})$mm	3	超差不得分		
	4	$(20_{-0.04}^{0})$mm（2 处）	2×4	一处超差扣 4 分		
	5	$(\phi8_{0}^{+0.04})$mm	2	超差不得分		
	6	$90°\pm4'$	3	超差不得分		
	7	$45°\pm5'$（2 处）	2×3	一处超差扣 3 分		
	8	平面度公差≤0.03 mm（7 处）	7×0.5	一处超差扣 0.5 分		
	9	垂直度公差≤0.04 mm（7 处）	7×0.5	一处超差扣 0.5 分		
	10	表面粗糙度 Ra≤3.2 μm（7 处）	7×0.5	一处超差扣 0.5 分		
	11	表面粗糙度 Ra≤1.6 μm	1	超差不得分		
件 2	12	(15 ± 0.15)mm（2 处）	2×1	一处超差扣 1 分		
	13	(80 ± 0.03)mm（2 处）	2×2	一处超差扣 2 分		
	14	$45°\pm5'$（2 处）	2×3	一处超差扣 3 分		

续表

项目	序号	考 核 要 求	配分	评 定 标 准	实测记录	得分
件2	15	($\phi 8^{+0.04}_{0}$)mm	2	超差不得分		
	16	平面度公差≤0.03 mm(7处)	7×0.5	一处超差扣0.5分		
	17	垂直度公差≤0.04 mm(7处)	7×0.5	一处超差扣0.5分		
	18	表面粗糙度 Ra≤3.2 μm(7处)	7×0.5	一处超差扣0.5分		
	19	表面粗糙度 Ra≤1.6 μm	1	超差不得分		
配合	20	(80±0.15)mm(2处)	2×2	一处超差扣2分		
	21	(63.64±0.15)mm	3	超差不得分		
	22	90°±4′(2处)	2×3	一处超差扣3分		
	23	配合间隙≤0.06 mm(5处)	5×1	一处超差扣1分		
	24	件1翻转180°换位配合间隙≤0.06 mm(5处)	5×1	一处超差扣1分		
	25	换位配合错位量≤0.20 mm	3	超差不得分		
	26	平行度公差≤0.04 mm(2组)	2×3	一处超差扣3分		
安全文明生产	27	1.根据国家(或行业、企业)颁发的有关规定 2.工具、量具、夹具与零件摆放合理 3.场地整洁		由总得分中扣除,扣分不超过10分		
工时定额	28	6 h	3	超差不得分		

任务三　高级工技能考核试题

1.三角扇形体封闭锉配

1）考件图样

考件图样如图15-7所示。

（a）件1（扇形孔）

（b）件2（扇形孔板）

技术要求

1.件 1、件 2 配合间隙≤0.05 mm。

2.件 1 翻转 180°换位配合间隙≤0.05 mm。

3.件 1 旋转 2 次换位配合间隙≤0.08 mm。

4.锐角倒钝 0.2×45°。

5.不准使用砂布或油石修磨加工面。

图 15-7　三角扇形体封闭锉配

2）考件材料

考件材料为 45 钢。

3）考核要求

（1）考核内容。

① 尺寸公差、几何公差、表面粗糙度值应达到要求。

② 图样中未注公差按 GB/T 1804—2000 标准 IT12～IT14 规定的要求加工。

（2）工时定额　7 h。

（3）安全文明生产。

① 能正确执行安全技术操作规程。

② 能按企业有关文明生产的规定，做到工作场地整洁，工件、工具、量具摆放整齐。

4）评分表

评分表如表 15-7 所示。

表 15-7　三角扇形体封闭锉配评分表

项目	序号	考核要求	配分	评定标准	实测记录	得分
件1	1	$(\phi 8^{+0.02}_{0})$ mm	1	超差不得分		
	2	$(18^{0}_{-0.03})$ mm（3 处）	3×2	一处超差扣 2 分		
	3	$(48^{0}_{-0.03})$ mm（3 处）	3×2	一处超差扣 2 分		
	4	$120°\pm 4'$（3 处）	3×4	一处超差扣 4 分		
	5	$60°\pm 4'$（3 处）	3×4	一处超差扣 4 分		
	6	垂直度公差≤0.02 mm（9 处）	9×0.5	一处超差扣 0.5 分		
	7	表面粗糙度 Ra≤1.6 μm（9 处）	9×0.5	一处超差扣 0.5 分		
件2	8	$(80^{0}_{-0.05})$ mm（2 处）	2×1	一处超差扣 1 分		
	9	$(22^{0}_{-0.06})$ mm	1	超差不得分		
	10	垂直度公差≤0.02 mm（4 处）	4×0.5	一处超差扣 0.5 分		
	11	平行度公差≤0.02 mm（2 处）	2×1	一处超差扣 1 分		
	12	表面粗糙度 Ra≤1.6 μm（13 处）	13×0.5	一处超差扣 0.5 分		
配合	13	配合间隙≤0.05 mm（9 处）	9×1	一处超差扣 1 分		
	14	件 1 翻转 180°换位配合间隙≤0.05 mm（9 处）	9×1	一处超差扣 1 分		
	15	件 1 旋转 2 次换位配合间隙≤0.08 mm（18 处）	18×1	一处超差扣 1 分		
安全文明生产	16	1.根据国家（或行业、企业）颁发的有关规定 2.工具、量具、夹具与零件摆放合理 3.场地整洁		由总得分中扣除，扣分不超过 10 分		
工时定额	17	6 h	4.5	超差不得分		

2. 三角燕尾形体开口锉配

1）考件图样

考件图样如图 15-8 所示。

（a）件1（三角体）

（b）件2（凸体）

（c）件3（凹体）

图 15-8　三角燕尾形体开口锉配

$\sqrt{Ra\,3.2}\ (\sqrt{\ })$

$3 \times \phi 8^{+0.02}_{0}$

60

26（配作）

B

12（配作）

46（配作）

70

C

配铰
$Ra\,1.6$

A

10

（d）件4（底板）

A

件2

件3

件1

60

42

46

$70^{\ 0}_{-0.03}$

A

$A-A$

件4

$3 \times \phi 8\ \dfrac{H7}{h6}$

20

（e）装配图

技术要求

1.件1、件2、件3配合间隙≤0.05 mm。

2.件1翻转180°换位配合间隙≤0.05 mm。

3.件1旋转2次换位配合间隙≤0.05 mm。

4.件3翻转180°换位配合间隙≤0.05 mm。

5.件1、件3、件4以ϕ8定位销用手推入进行配合。

6.锐角倒钝0.2×45°。

7.不准使用砂布或油石修磨加工面。

续图 15-8

2）考件材料

考件材料为 45 钢。

3）考核要求

（1）考核内容。

① 尺寸公差、几何公差、表面粗糙度值应达到要求。

② 图样中未注公差按 GB/T 1804—2000 标准 IT12～IT14 规定的要求加工。

（2）工时定额　7 h。

（3）安全文明生产。

① 能正确执行安全技术操作规程。

② 能按企业有关文明生产的规定，做到工作场地整洁，工件、工具、量具摆放整齐。

4）评分表

评分表如表 15-8 所示。

表 15-8　三角燕尾形体开口锉配评分表

项目	序号	考 核 要 求	配分	评 定 标 准	实测记录	得分
件 1	1	$(\phi 8^{+0.02}_{0})$mm	1	超差不得分		
	2	$60°\pm4'$（3 处）	3×3	一处超差扣 3 分		
	3	(8 ± 0.02)mm（3 处）	3×2	一处超差扣 2 分		
	4	垂直度公差≤0.02 mm（3 处）	3×1	一处超差扣 1 分		
	5	表面粗糙度 Ra≤1.6 μm（3 处）	3×0.5	一处超差扣 0.5 分		
件 2	6	$60°\pm4'$（3 处）	3×3	一处超差扣 3 分		
	7	$(16^{0}_{-0.02})$mm（2 处）	2×2	一处超差扣 2 分		
	8	$(18^{0}_{-0.02})$mm	2	超差不得分		
	9	$(30^{0}_{-0.02})$mm	2	超差不得分		
	10	对称度公差≤0.03 mm	2	超差不得分		
	11	平行度公差≤0.02 mm	2	超差不得分		
件 3	12	对称度公差≤0.03 mm（2 处）	2×2	一处超差扣 2 分		
	13	垂直度公差≤0.02 mm	2	超差不得分		
	14	平行度公差≤0.02 mm	2	超差不得分		
	15	$60°\pm4'$（4 处）	4×3	一处超差扣 3 分		
	16	$(\phi 8^{+0.02}_{0})$mm（2 处）	2×1	一处超差扣 1 分		
	17	$(18^{0}_{-0.02})$mm	2	超差不得分		
	18	(12 ± 0.03)mm（2 处）	2×1	一处超差扣 1 分		
	19	(46 ± 0.06)mm	1	超差不得分		

续表

项目	序号	考 核 要 求	配分	评 定 标 准	实测记录	得分
件3	20	$(30_{-0.02}^{0})$mm	1	超差不得分		
	21	$(42_{-0.03}^{0})$mm	1	超差不得分		
	22	$(70_{-0.03}^{0})$mm	1	超差不得分		
	23	表面粗糙度 $Ra\leqslant1.6\ \mu$m(12 处)	12×0.5	一处超差扣 0.5 分		
件4	24	$(\phi8_{0}^{+0.02})$mm(3 处)	3×1	一处超差扣 1 分		
	25	表面粗糙度 $Ra\leqslant1.6\ \mu$m(3 处)	3×0.5	一处超差扣 0.5 分		
配合	26	件1、件2、件3配合间隙≤0.05 mm (11 处)	11×0.5	一处超差扣 0.5 分		
	27	件1翻转180°换位配合间隙 ≤0.05 mm(3 处)	3×0.5	一处超差扣 0.5 分		
	28	件3翻转180°换位配合间隙 ≤0.05 mm(9 处)	9×0.5	一处超差扣 0.5 分		
	29	件1旋转2次换位配合间隙 ≤0.05 mm(6 处)	6×0.5	一处超差扣 0.5 分		
	30	件1、件3、件4以 ϕ8 定位销 用手推入进行配合(3 处)	3×0.5	一处不能配入 扣 0.5 分		
安全文明生产	31	1.根据国家(或行业、企业)颁发的有关规定 2.工具、量具、夹具与零件摆放合理 3.场地整洁		由总得分中扣除,扣分不超过10分		
工时定额	32	7 h	2	超差不得分		

3. 简单太极八卦形体封闭锉配

1)考件图样

考件图样如图 15-9 所示。

2)考件材料

考件材料为 45 钢。

3)考核要求

(1)考核内容。

① 尺寸公差、几何公差、表面粗糙度值应达到要求。

② 图样中未注公差按 GB/T 1804—2000 标准 IT12～IT14 规定的要求加工。

(2)工时定额　8 h。

(3)安全文明生产。

① 能正确执行安全技术操作规程。

② 能按企业有关文明生产的规定,做到工作场地整洁,工件、工具、量具摆放整齐。

（3处）

⌒ 0.02

⊥ 0.02 A

$R40_{-0.03}^{0}$

$R20_{0}^{+0.02}$

$\phi8_{0}^{+0.02}$

＝ 0.03 B

R1.6

$R20_{-0.02}^{0}$

$40_{-0.03}^{0}$

B

$\sqrt{Ra\,3.2}\,(\sqrt{\ })$

铰
$\sqrt{Ra\,1.6}$

A ◁ 10

（a）件1、件2（件1与件2称为阴阳鱼，阴鱼、阳鱼的尺寸以及技术要求相同；$\phi8$孔为鱼眼）

$\sqrt{Ra\,3.2}\,(\sqrt{\ })$

$\phi80$（配作）

＝ 0.10 B C

⊥ 0.02 A

135°

112±0.03

112±0.03

B

C

A ◁ 10

（b）件3（八卦齿）

图15-9　简单太极八卦形体封闭锉配

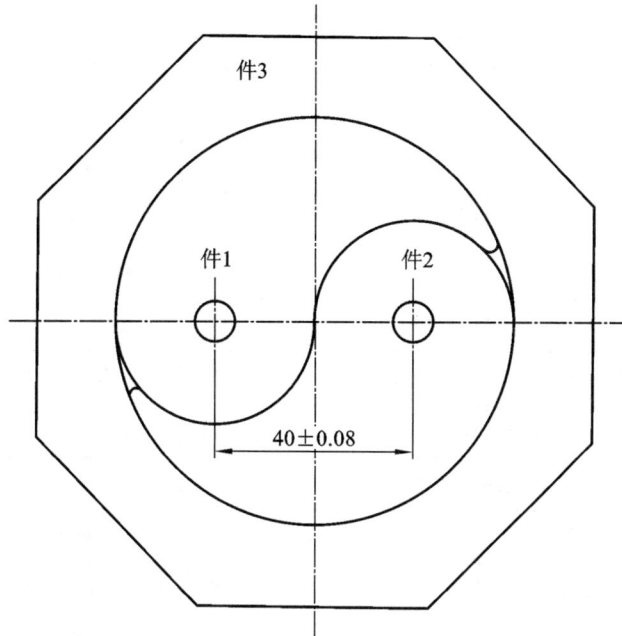

（c）件1、件2、件3装配图

技术要求

1.件 1、件 2、件 3 曲面配合间隙≤0.10 mm。

2.锐角倒钝 0.2×45°。

3.不准使用砂布或油石修磨加工面。

续图 15-9

4）评分表

评分表如表 15-9 所示。

表 15-9　简单太极八卦形体封闭锉配评分表

项目	序号	考核要求	配分	评定标准	实测记录	得分
件1	1	$(\phi 8^{+0.02}_{0})$mm	1	超差不得分		
	2	$(40^{0}_{-0.03})$mm	3	超差不得分		
	3	$(R40^{0}_{-0.03})$mm	3	超差不得分		
	4	$(R20^{0}_{-0.02})$mm	3	超差不得分		
	5	$(R20^{+0.02}_{0})$mm	3	超差不得分		
	6	线轮廓度公差≤0.02 mm（3 处）	3×4	一处超差扣 4 分		
	7	垂直度公差≤0.02 mm（3 处）	3×1	一处超差扣 1 分		
	8	对称度公差≤0.03 mm	3	超差不得分		
	9	表面粗糙度 Ra≤3.2 μm（3 处）	3×0.5	一处超差扣 0.5 分		
	10	表面粗糙度 Ra≤1.6 μm	0.5	超差不得分		

项目	序号	考核要求	配分	评定标准	实测记录	得分
件 2	11	$(\phi 8^{+0.02}_{0})$ mm	1	超差不得分		
	12	$(40^{0}_{-0.03})$ mm	3	超差不得分		
	13	$(R40^{0}_{-0.03})$ mm	3	超差不得分		
	14	$(R20^{0}_{-0.02})$ mm	3	超差不得分		
	15	$(R20^{+0.02}_{0})$ mm	3	超差不得分		
	16	线轮廓度公差≤0.02 mm（3 处）	3×4	一处超差扣 4 分		
	17	垂直度公差≤0.02 mm（3 处）	3×1	一处超差扣 1 分		
	18	对称度公差≤0.03 mm	3	超差不得分		
	19	表面粗糙度 Ra≤3.2 μm（3 处）	3×0.5	一处超差扣 0.5 分		
	20	表面粗糙度 Ra≤1.6 μm	0.5	超差不得分		
件 3	21	(112±0.03) mm（4 处）	4×1	一处超差扣 1 分		
	22	对称度公差≤0.10 mm（2 处）	2×3	一处超差扣 3 分		
	23	垂直度公差≤0.02 mm	2	超差不得分		
	24	表面粗糙度 Ra≤3.2 μm（9 处）	9×0.5	一处超差扣 0.5 分		
配合	25	(40±0.08) mm	3	超差不得分		
	26	件 1、件 2、件 3 曲面配合间隙≤0.10 mm（4 处）	4×3	一处超差扣 3 分		
安全文明生产	27	1.根据国家（或行业、企业）颁发的有关规定 2.工具、量具、夹具与零件摆放合理 3.场地整洁		由总得分中扣除，扣分不超过 10 分		
工时定额	28	8 h	2.5	超差不得分		

任务四　技师技能考核试题

1. 凸凹角度形体开口锉配

1）考件图样

考件图样如图 15-10 所示。

2）考件材料

考件材料为 45 钢。

3）考核要求

（1）考核内容。

① 尺寸公差、几何公差、表面粗糙度值应达到要求。

② 图样中未注公差按 GB/T 1804—2000 标准 IT12～IT14 规定的要求加工。

（2）工时定额　8 h。

（3）安全文明生产。

① 能正确执行安全技术操作规程。

② 能按企业有关文明生产的规定，做到工作场地整洁，工件、工具、量具摆放整齐。

（a）件1（三角体）　　　　　　　　　　（b）件2（四面体）

（c）件3（凸体）

图 15-10　凸凹角度形体开口锉配

（d）件4（凹体）

（e）件1、件3、件4装配图　　（f）件2、件3、件4换位装配图

技术要求

1. 件 1、件 3、件 4 装配。

（1）配合间隙≤0.04 mm。

（2）件 1 旋转 2 次换位配合间隙≤0.04 mm。

（3）件 1 翻转 180°换位配合间隙≤0.04 mm。

2. 件 2、件 3、件 4 装配。

（1）配合间隙≤0.05 mm。

（2）件 2 翻转 180°换位配合间隙≤0.05 mm。

3. 锐角倒钝 0.2×45°。

4. 不准使用砂布或油石修磨加工面。

续图 15-10

4) 加工步骤(仅供参考)

(1) 加工件 1。

① 按图样划出加工界线。

② 按线锯去全部多余部分。

③ 粗、细锉各面。

④ 精锉一面至要求。

⑤ 通过平板、正弦规与杠杆百分表测量,精锉两个 60°角度面至要求。

(2) 加工件 2。

① 锉坯料外形各面至要求。

② 按图样划出加工界线。

③ 锉厚度尺寸(15±0.01)mm 至要求。

④ 通过平板、正弦规与杠杆百分表测量,精锉两个 60°角度面至要求。

(3) 加工件 3。

① 锉坯料外形各面至要求。

② 按图样划出加工界线。

③ 钻 $\phi2$ mm 工艺孔和 $\phi10$ mm 底孔。

④ 铰 $\phi10$ mm 孔至要求。

⑤ 锯去一侧一角。

⑥ 锉高度尺寸$(24_{-0.02}^{0})$mm 和宽度工艺尺寸$(65_{-0.015}^{0})$mm 至要求。

⑦ 锯去另一侧一角。

⑧ 锉高度尺寸$(24_{-0.02}^{0})$mm 和宽度尺寸$(50_{-0.03}^{0})$mm 至要求。

⑨ 锉 60°角度面至要求。

(4) 加工件 4。

① 锉坯料外形各面至要求。

② 按图样划出加工界线。

③ 钻 $\phi2$ mm 工艺孔和 $\phi10$ mm 底孔。

④ 铰 $\phi10$ mm 孔至要求。

⑤ 在凹槽内钻 $\phi3\sim\phi5$ mm 工艺排孔并清除中间余料。

⑥ 粗、细锉槽内各面,留锉配余量。

(5) 件 3、件 4 锉配。

以件 3 为基准配锉件 4。

(6) 件 1 与件 3、件 4 锉配。

以件 1 为基准配锉件 3、件 4。

(7) 件 2 与件 3、件 4 锉配。

以件 2 为基准配锉件 3、件 4。

5）评分表

评分表如表 15-10 所示。

表 15-10 凸凹角度形体开口锉配评分表

项目	序号	考 核 要 求	配分	评 定 标 准	实测记录	得分
件1	1	60°±3′(3 处)	3×2	一处超差扣 2 分		
	2	垂直度公差≤0.02 mm(3 处)	3×1	一处超差扣 1 分		
	3	表面粗糙度 Ra≤1.6 μm(3 处)	3×0.5	一处超差扣 0.5 分		
件2	4	60°±3′(2 处)	3×2	一处超差扣 2 分		
	5	$(30_{-0.02}^{0})$mm	2	超差不得分		
	6	15±0.01 mm	1	超差不得分		
	7	垂直度公差≤0.02 mm(4 处)	4×0.5	一处超差扣 0.5 分		
	8	表面粗糙度 Ra≤1.6 μm(4 处)	4×0.5	一处超差扣 0.5 分		
件3	9	(80±0.03)mm	1	超差不得分		
	10	(10±0.02)mm	1	超差不得分		
	11	$(50_{-0.03}^{0})$mm	1	超差不得分		
	12	$(40_{-0.02}^{0})$mm	1	超差不得分		
	13	$(24_{-0.02}^{0})$mm	1	超差不得分		
	14	$(\phi10_{0}^{+0.015})$mm	1	超差不得分		
	15	对称度公差≤0.03 mm	2	超差不得分		
	16	垂直度公差≤0.02 mm(11 处)	11×0.5	一处超差扣 0.5 分		
	17	平行度公差≤0.02 mm(4 处)	4×0.5	一处超差扣 0.5 分		
	18	表面粗糙度 Ra≤1.6 μm(11 处)	11×0.5	一处超差扣 0.5 分		
件4	19	(80±0.03)mm	1	超差不得分		
	20	$(56_{-0.02}^{0})$mm	1	超差不得分		
	21	$(\phi10_{0}^{+0.015})$mm	1	超差不得分		
	22	对称度公差≤0.03 mm	2	超差不得分		
	23	垂直度公差≤0.02 mm(11 处)	11×0.5	一处超差扣 0.5 分		
	24	平行度公差≤0.02 mm	2	超差不得分		
	25	表面粗糙度 Ra≤1.6 μm(11 处)	11×0.5	一处超差扣 0.5 分		

续表

项目	序号	考核要求	配分	评定标准	实测记录	得分
		件1、件3、件4配合				
配合	26	(50 ± 0.06)mm	1	超差不得分		
	27	$(80_{-0.04}^{0})$mm	1	超差不得分		
	28	件1、件3、件4配合间隙≤0.04 mm(9处)	9×1	一处超差扣1分		
	29	件1翻转180°换位配合间隙≤0.04 mm(3处)	3×1	一处超差扣1分		
	30	件1旋转2次换位配合间隙≤0.04 mm(6处)	6×1	一处超差扣1分		
		件2、件3、件4配合				
	31	(50 ± 0.06)mm	1	超差不得分		
	32	$(80_{-0.04}^{0})$mm	1	超差不得分		
	33	件2、件3、件4配合间隙≤0.05 mm(10处)	10×1	一处超差扣1分		
	34	件2翻转180°换位配合间隙≤0.05 mm(4处)	4×1	一处超差扣1分		
安全文明生产	35	1.根据国家(或行业、企业)颁发的有关规定 2.工具、量具、夹具与零件摆放合理 3.场地整洁		由总得分中扣除,扣分不超过10分		
工时定额	36	8 h	1.5	超差不得分		

2. 凸凹燕尾形体多件开口锉配

1)考件图样

考件图样如图15-11所示。

(a) 件1(外凸凹体)

图15-11 凸凹燕尾形体多件开口锉配

（b）件2、件3（内凸凹体）

（c）件4（底板）

续图 15-11

(d) 件1、件2、件3、件4装配图

（e）件2、件3装配图

技术要求

1. 件 1、件 2、件 3、件 4 装配。

(1) 配合间隙≤0.04 mm。

(2) 件 1 翻转 180°换位配合间隙≤0.04 mm。

(3) 件 1、件 2、件 3、件 4 以 $\phi8$ 定位销用手推入进行配合。

2. 件 2、件 3 锯断后装配。

(1) 配合间隙≤0.04 mm。

(2) 件 2 翻转 180°换位配合间隙≤0.04 mm。

3. 工件不得自行锯断。

4. 锐角倒钝 0.2×45°。

5. 不准使用砂布或油石修磨加工面。

续图 15-11

2）考件材料

考件材料为 45 钢。

3）考核要求

（1）考核内容。

① 尺寸公差、几何公差、表面粗糙度值应达到要求。

② 图样中未注公差按 GB/T 1804—2000 标准 IT12～IT14 规定的要求加工。

（2）工时定额　8 h。

（3）安全文明生产

① 能正确执行安全技术操作规程。

② 能按企业有关文明生产的规定，做到工作场地整洁，工件、工具、量具摆放整齐。

4）加工步骤（仅供参考）

（1）加工件 1。

① 锉坯料外形各面至要求。

② 按图样划出加工界线。

③ 钻 $4 \times \phi 2$ mm 工艺孔和 $\phi 8$ mm 底孔。

④ 在燕尾槽内钻 $\phi 3 \sim \phi 5$ mm 工艺排孔并清除中间余料。

⑤ 锉件 1 燕尾凸台至要求。

⑥ 锉件 1 燕尾凹槽至要求。

（2）加工件 2、件 3。

① 锉坯料外形各面至要求。

② 按图样划出加工界线。

③ 钻 $4 \times \phi 2$ mm 工艺孔和 $2 \times \phi 8$ mm 底孔。

④ 在凹槽内钻 $\phi 3 \sim \phi 5$ mm 工艺排孔并清除中间余料。

⑤ 粗、细锉各面。

⑥ 锉件 2 燕尾凸台至要求。

⑦ 锉件 3 燕尾凹槽至要求。

⑧ 锯件 2、件 3 锯缝至要求。

（3）加工件 4。

锉坯料外形各面至要求。

（4）件 1 与件 2、件 3 锉配。

以件 1 为基准配锉件 2、件 3。

（5）件 1、件 2、件 3 与件 4 配钻、铰孔。

件 1、件 2、件 3 配合后与件 4 配钻孔、配铰圆柱销孔。

5）评分表

评分表如表 15-11 所示。

表 15-11 凸凹燕尾形体多件开口锉配评分表

项目	序号	考 核 要 求	配分	评 定 标 准	实测记录	得分
件1	1	$60°\pm3'$(4 处)	4×3	一处超差扣 3 分		
	2	$(\phi8^{+0.015}_{0})$mm	1	超差不得分		
	3	(10 ± 0.02)mm(2 处)	2×1	一处超差扣 1 分		
	4	(17 ± 0.02)mm	1	超差不得分		
	5	(22.5 ± 0.02)mm	1	超差不得分		
	6	(45 ± 0.02)mm	1	超差不得分		
	7	垂直度公差≤0.02 mm(12 处)	12×0.5	一处超差扣 0.5 分		
	8	平行度公差≤0.02 mm(4 处)	4×0.5	一处超差扣 0.5 分		
	9	对称度公差≤0.03 mm(2 处)	2×3	一处超差扣 3 分		
	10	表面粗糙度 Ra≤1.6 μm(12 处)	12×0.5	一处超差扣 0.5 分		
件2、件3	11	$(\phi8^{+0.015}_{0})$mm(2 处)	2×1	一处超差扣 1 分		
	12	(22.5 ± 0.02)mm(2 处)	2×1	一处超差扣 1 分		
	13	(9 ± 0.02)mm(2 处)	2×1	一处超差扣 1 分		
	14	对称度公差≤0.03 mm(2 处)	2×3	一处超差扣 3 分		
	15	表面粗糙度 Ra≤1.6 μm(14 处)	14×0.5	一处超差扣 0.5 分		
件4	16	$(\phi8^{+0.015}_{0})$mm(3 处)	3×1	一处超差扣 1 分		
	17	(60 ± 0.02)mm	1	超差不得分		
	18	(70 ± 0.02)mm	1	超差不得分		
	19	表面粗糙度 Ra≤1.6 μm(7 处)	7×0.5	一处超差扣 0.5 分		
配合		件1、件2、件3、件4 配合				
	20	件1、件2、件3 配合间隙≤0.04 mm(10 处)	10×1	一处超差扣 1 分		
	21	件1 翻转 180°换位配合间隙≤0.04 mm(10 处)	10×1	一处超差扣 1 分		
	22	$\phi8$ 定位销用手推入配合(3 处)	3×0.5	一处不能配入扣 0.5 分		

续表

项目	序号	考核要求	配分	评定标准	实测记录	得分
		件2、件3配合				
配合	23	(28±0.05)mm	1	超差不得分		
	24	配合间隙≤0.04 mm(5处)	5×1	一处超差扣1分		
	25	件2翻转180°换位配合间隙 ≤0.04 mm(5处)	5×1	一处超差扣1分		
安全文明生产	26	1.根据国家(或行业、企业)颁发的有关规定 2.工具、量具、夹具与零件摆放合理 3.场地整洁		由总得分中扣除，扣分不超过10分		
工时定额	27	8 h	2	超差不得分		

3. 凸台凹槽形体四件开口锉配

1）考件图样

考件图样如图 15-12 所示。

（a）件1、件2、件3、件4（4个工件即凸凹体的尺寸以及技术要求相同）

图 15-12　凸台凹槽形体四件开口锉配

（b）件1、件2、件3、件4装配图

技术要求

1. 件 1、件 2、件 3、件 4 配合间隙≤0.04 mm。

2. 锐角倒钝 0.2×45°。

3. 不准使用砂布或油石修磨加工面。

续图 15-12

2）考件材料

考件材料为 45 钢。

3）考核要求

（1）考核内容。

① 尺寸公差、几何公差、表面粗糙度值应达到要求。

② 图样中未注公差按 GB/T 1804—2000 标准 IT12～IT14 规定的要求加工。

（2）工时定额　8 h。

（3）安全文明生产。

① 能正确执行安全技术操作规程。

② 能按企业有关文明生产的规定，做到工作场地整洁，工件、工具、量具摆放整齐。

4）加工步骤（仅供参考）

（1）加工件 1、件 2、件 3、件 4。

① 锉件 1、件 2、件 3、件 4 坯料外形各面至要求。

② 按图样划出件 1、件 2、件 3、件 4 加工界线。

③ 钻件 1、件 2、件 3、件 4 的 4×ϕ2 mm 工艺孔。

④ 在凹槽内钻 ϕ3～ϕ5 mm 工艺排孔并清除中间余料。

⑤ 锉件 1、件 2、件 3、件 4 的凸台至要求。

⑥ 粗、细锉件 1、件 2、件 3、件 4 凹槽,留锉配余量。

(2) 锉配。

① 以件 1 凸台为基准配锉件 2 凹槽至要求。

② 以件 2 凸台为基准配锉件 3 凹槽至要求。

③ 以件 3 凸台为基准配锉件 4 凹槽至要求。

5) 评分表

评分表如表 15-12 所示。

表 15-12　凸台凹槽形体四件开口锉配评分表

项目	序号	考 核 要 求	配分	评 定 标 准	实测记录	得分
件 1	1	$(\phi 8^{+0.015}_{0})$ mm	1	超差不得分		
	2	$(16^{0}_{-0.015})$ mm	1	超差不得分		
	3	$(10^{0}_{-0.015})$ mm	1	超差不得分		
	4	$(36^{0}_{-0.02})$ mm	1	超差不得分		
	5	$(58^{0}_{-0.025})$ mm	1	超差不得分		
	6	$(70^{0}_{-0.03})$ mm	1	超差不得分		
	7	(18 ± 0.02) mm	1	超差不得分		
	8	(47 ± 0.03) mm	1	超差不得分		
	9	垂直度公差≤0.02 mm(12 处)	12×0.5	一处超差扣 0.5 分		
	10	对称度公差≤0.03 mm	2	超差不得分		
	11	表面粗糙度 Ra≤1.6 μm(12 处)	12×0.25	一处超差扣 0.25 分		
件 2	12	$(\phi 8^{+0.015}_{0})$ mm	1	超差不得分		
	13	$(16^{0}_{-0.015})$ mm	1	超差不得分		
	14	$(10^{0}_{-0.015})$ mm	1	超差不得分		
	15	$(36^{0}_{-0.02})$ mm	1	超差不得分		
	16	$(58^{0}_{-0.025})$ mm	1	超差不得分		
	17	$(70^{0}_{-0.03})$ mm	1	超差不得分		
	18	(18 ± 0.02) mm	1	超差不得分		
	19	(47 ± 0.03) mm	1	超差不得分		
	20	垂直度公差≤0.02 mm(12 处)	12×0.5	一处超差扣 0.5 分		
	21	对称度公差≤0.03 mm	2	超差不得分		
	22	表面粗糙度 Ra≤1.6 μm(12 处)	12×0.25	一处超差扣 0.25 分		

项目	序号	考核要求	配分	评定标准	实测记录	得分
件 3	23	$(\phi 8^{+0.015}_{0})$ mm	1	超差不得分		
	24	$(16^{0}_{-0.015})$ mm	1	超差不得分		
	25	$(10^{0}_{-0.015})$ mm	1	超差不得分		
	26	$(36^{0}_{-0.02})$ mm	1	超差不得分		
	27	$(58^{0}_{-0.025})$ mm	1	超差不得分		
	28	$(70^{0}_{-0.03})$ mm	1	超差不得分		
	29	(18 ± 0.02) mm	1	超差不得分		
	30	(47 ± 0.03) mm	1	超差不得分		
	31	垂直度公差≤0.02 mm(12 处)	12×0.5	一处超差扣 0.5 分		
	32	对称度公差≤0.03 mm	2	超差不得分		
	33	表面粗糙度 Ra≤1.6 μm(12 处)	12×0.25	一处超差扣 0.25 分		
件 4	34	$(\phi 8^{+0.015}_{0})$ mm	1	超差不得分		
	35	$(16^{0}_{-0.015})$ mm	1	超差不得分		
	36	$(10^{0}_{-0.015})$ mm	1	超差不得分		
	37	$(36^{0}_{-0.02})$ mm	1	超差不得分		
	38	$(58^{0}_{-0.025})$ mm	1	超差不得分		
	39	$(70^{0}_{-0.03})$ mm	1	超差不得分		
	40	(18 ± 0.02) mm	1	超差不得分		
	41	(47 ± 0.03) mm	1	超差不得分		
	42	垂直度公差≤0.02 mm(12 处)	12×0.5	一处超差扣 0.5 分		
	43	对称度公差≤0.03 mm	2	超差不得分		
	44	表面粗糙度 Ra≤1.6 μm(12 处)	12×0.25	一处超差扣 0.25 分		
配合	45	件 1、件 2、件 3、件 4 配合间隙≤0.04 mm(20 处)	20×1	一处超差扣 1 分		
	46	(58 ± 0.05) mm(2 处)	2×1	一处超差扣 1 分		
安全文明生产	47	1.根据国家(或行业、企业)颁发的有关规定 2.工具、量具、夹具与零件摆放合理 3.场地整洁		由总得分中扣除,扣分不超过 10 分		
工时定额	48	8 h	2	超差不得分		

任务五　高级技师技能考核试题

1. 燕尾圆弧形体开口锉配

1）考件图样

考件图样如图 15-13 所示。

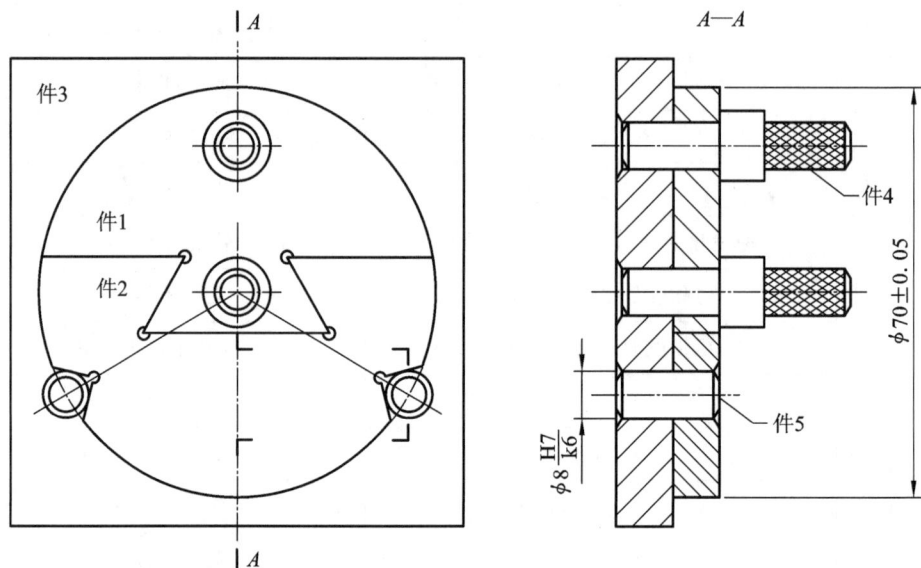

技术要求

1. 件 1、件 2、件 3、件 4、件 5 装配后,件 1、件 2 的配合间隙≤0.04 mm。

2. 件 1 翻转 180°与件 2 的配合间隙≤0.04 mm。

3. 两定位销件 4 与件 1、件 3 配合间隙≤0.04 mm。

4. 两圆柱销件 5 与件 2 的两个 90°V 形槽面的配合间隙≤0.02 mm。

5. 锐角倒钝 0.2×45°。

6. 不准使用砂布或油石修磨加工面。

件号	名称	图号	数量	材料	备注
5	圆柱销	图 15-13(f)	2	45 钢	预制件 GB/T 119.1—2000
4	定位销	图 15-13(e)	2	45 钢	预制件
3	底板	图 15-13(d)	1	45 钢	
2	凹燕尾板	图 15-13(c)	1	45 钢	
1	凸燕尾板	图 15-13(b)	1	45 钢	

(a)装配图

图 15-13　燕尾圆弧形体开口锉配

（b）件1（凸燕尾板）

（c）件2（凹燕尾板）

（d）件3（底板）

续图 15-13

（e）件4（定位销）　　　　　　（f）件5（圆柱销）

续图 15-13

2）考件材料

考件材料为 45 钢。

3）考核要求

（1）考核内容。

① 尺寸公差、几何公差、表面粗糙度值应达到要求。

② 图样中未注公差按 GB/T 1804—2000 标准 IT12～IT14 规定的要求加工。

（2）工时定额　8 h。

（3）安全文明生产。

① 能正确执行安全技术操作规程。

② 能按企业有关文明生产的规定，做到工作场地整洁，工件、工具、量具摆放整齐。

4）加工步骤（仅供参考）

（1）加工件1。

① 锉坯料外形各面至要求。

② 按图样划出加工界线。

③ 钻 $2\times\phi2$ mm 工艺孔和 $\phi8$ mm 底孔。

④ 锉燕尾凸台至要求。

⑤ 锯去 $R35$ 圆弧加工线外多余部分。

⑥ 粗、细锉 $R35$ 圆弧面，留配锉余量。

（2）加工件2。

① 锉坯料外形各面至要求。

② 按图样划出加工界线。

③ 钻 $4\times\phi2$ mm 工艺孔。

④ 在凹槽内钻 $\phi3\sim\phi5$ mm 工艺排孔并清除中间余料。

⑤ 粗、细锉燕尾凹槽，留配锉余量。

⑥ 粗、细锉 $R35$ 圆弧面,留配锉余量。

⑦ 粗、细锉两 90° 直角定位槽,留配锉余量。

(3)加工件 3。

① 锉坯料外形各面至要求。

② 按图样划出加工界线。

③ 钻、铰件 3 上的按 120° 分布的 $2 \times \phi 8$ mm 圆柱销孔至要求。

(4)件 1 锉配件 2。

① 以件 1 燕尾凸台为基准配锉件 2 燕尾凹槽至要求。

② 件 1 与件 2 燕尾配合后,精锉件 1 与件 2 的 $R35$ 圆弧面至要求。

(5)件 2 与件 4 配锉。

件 2 上的两定位槽与安装在件 3 上的件 5 圆柱销配锉至要求。

(6)件 1 与件 3 配钻、配铰。

以配合的件 1 与件 2 定位于件 3,以件 1 上的孔配钻、配铰件 3 的 $2 \times \phi 8$ mm 定位销孔至要求。

5)评分表

评分表如表 15-13 所示。

表 15-13　燕尾圆弧形体开口锉配评分表

项目	序号	考 核 要 求	配分	评 定 标 准	实测记录	得分
件 1	1	$(R35_{-0.02}^{0})$ mm	5	超差不得分		
	2	$(\phi 8_{0}^{+0.015})$ mm(2 处)	2×1	一处超差扣 1 分		
	3	$60° \pm 2'$(2 处)	2×3	一处超差扣 3 分		
	4	(18 ± 0.03) mm	1	超差不得分		
	5	(7 ± 0.05) mm	1	超差不得分		
	6	(25 ± 0.05) mm	1	超差不得分		
	7	同轴度公差 $\leqslant 0.03$ mm	3	超差不得分		
	8	对称度公差 $\leqslant 0.03$ mm(2 处)	2×3	一处超差扣 3 分		
	9	表面粗糙度 $Ra \leqslant 1.6$ μm(8 处)	8×0.5	一处超差扣 0.5 分		

项目	序号	考 核 要 求	配分	评 定 标 准	实测记录	得分
件2	10	$(R35_{-0.02}^{0})$mm	5	超差不得分		
	11	$(\phi70_{-0.02}^{0})$mm	3	超差不得分		
	12	$90°\pm3'$(2 处)	2×3	一处超差扣 3 分		
	13	(60.62 ± 0.03)mm	1	超差不得分		
	14	对称度公差$\leqslant0.03$ mm(3 处)	3×3	一处超差扣 3 分		
	15	表面粗糙度 $Ra\leqslant1.6$ μm(10 处)	10×0.5	一处超差扣 0.5 分		
件3	16	$(80_{-0.03}^{0})$mm(2 处)	2×2	一处超差扣 2 分		
	17	$(\phi8_{0}^{+0.015})$mm(4 处)	4×1	一处超差扣 1 分		
	18	(40 ± 0.05)mm	1	超差不得分		
	19	对称度公差$\leqslant0.03$ mm	3	超差不得分		
	20	表面粗糙度 $Ra\leqslant1.6$ μm(8 处)	8×0.5	一处超差扣 0.5 分		
配合	21	$(\phi70\pm0.05)$mm	5	超差不得分		
	22	件 1、件 2 配合间隙$\leqslant0.04$ mm(5 处)	5×1.5	一处超差扣 1.5 分		
	23	件 1 翻转 180°与件 2 配合间隙$\leqslant0.04$ mm (5 处)	5×1.5	一处超差扣 1.5 分		
	24	两定位销件 4 与件 1、件 3 配合间隙$\leqslant0.04$ mm (2 处)	2×1	一处超差扣 1 分		
	25	两圆柱销件 5 与件 2 的两个 90° V 形槽面的 配合间隙$\leqslant0.02$ mm(2 处)	2×1	一处超差扣 1 分		
安全文明生产	26	1.根据国家(或行业、企业)颁发的有关规定 2.工具、量具、夹具与零件摆放合理 3.场地整洁		由总得分中扣除, 扣分不超过 10 分		
工时定额	27	8 h	2	超差不得分		

2. 燕尾凸台形体开口多件锉配

1)考件图样

考件图样如图 15-14 所示。

技术要求

1. 件 1、件 2、件 3、件 4、件 5、件 6 装配后,件 1 与件 2、件 3 的配合间隙≤0.04 mm。

2. 件 1 翻转 180°与件 2、件 3 配合间隙≤0.04 mm。

3. 两定位销件 5 与件 1、件 4 配合间隙≤0.04 mm。

4. 四圆柱销件 6 与件 2 的两个直槽以及与件 3 的两个 90°V 形槽面的配合间隙≤0.02 mm。

5. 锐角倒钝 0.2×45°。

6. 不准使用砂布或油石修磨加工面。

件号	名称	图号	数量	材料	备注
6	圆柱销	图 15-14(g)	2	45 钢	预制件 GB/T 119.1—2000
5	定位销	图 15-14(f)	4	45 钢	预制件
4	底板	图 15-14(e)	1	45 钢	
3	下槽板	图 15-14(d)	1	45 钢	
2	上槽板	图 15-14(c)	1	45 钢	
1	基准体	图 15-14(b)	1	45 钢	

(a)装配图

图 15-14 燕尾凸台形体开口多件锉配

（b）件1（基准体）

（c）件2（上槽板）

续图 15-14

（d）件3（下槽板）

（e）件4（底板）

续图 15-14

（f）件5（定位销）　　（g）件6（圆柱销）

续图 15-14

2）考件材料

考件材料为 45 钢。

3）考核要求

（1）考核内容。

① 尺寸公差、几何公差、表面粗糙度值应达到要求。

② 图样中未注公差按 GB/T 1804—2000 标准 IT12～IT14 规定的要求加工。

（2）工时定额　8 h。

（3）安全文明生产。

① 能正确执行安全技术操作规程。

② 能按企业有关文明生产的规定，做到工作场地整洁，工件、工具、量具摆放整齐。

4）加工步骤（仅供参考）

（1）加工件 1。

① 锉坯料外形各面至要求。

② 按图样划出加工界线。

③ 钻 $4 \times \phi 2$ mm 工艺孔和 $2 \times \phi 8$ mm 底孔。

④ 锉 $R10$ mm 外圆弧面至要求。

⑤ 锉燕尾凸台至要求。

⑥ 锉（$20_{-0.02}^{0}$）mm 凸台至要求。

⑦ 锉两 $R12$ mm 内圆弧面至要求。

（2）加工件 2。

① 锉坯料外形各面至要求。

② 按图样划出加工界线。

③ 钻 $8 \times \phi 2$ mm 工艺孔。

④ 在三个凹槽处钻 $\phi 3 \sim \phi 5$ mm 工艺排孔并清除中间余料。

⑤ 粗、细锉两个 10 mm 宽凹槽，留配锉余量。

⑥ 粗、细锉 44 mm 宽凹槽，留配锉余量。

（3）加工件 3。

① 锉坯料外形各面至要求。

② 按图样划出加工界线。

③ 钻 $4 \times \phi 2$ mm 工艺孔。

④ 在燕尾凹槽处钻 $\phi 3 \sim \phi 5$ mm 工艺排孔并清除中间余料。

⑤ 粗、细锉两个 $90°$ 直角槽，留配锉余量。

⑥ 粗、细锉燕尾凹槽，留配锉余量。

（4）加工件 4。

① 锉坯料外形各面至要求；

② 按图样划出加工界线；

③ 钻 $4 \times \phi 10$ mm 底孔；

④ 铰 $4 \times \phi 10$ mm 孔至要求。

（5）以件 1 为基准配锉件 2。

以件 1 凸台、内圆弧面为基准配锉件 2 凹槽至要求。

（6）以件 1 为基准配锉件 3。

以件 1 燕尾凸台、外圆弧面为基准配锉件 3 燕尾槽内圆弧面至要求。

（7）件 1、件 2、件 3 与件 4 配钻、配铰。

以配合的件 1、件 2、件 3 为基准配钻、配铰件 4 的 $2 \times \phi 8$ mm 孔至要求。

（8）件 1、件 4 与件 2 配锉。

件 1 与件 4 用圆柱销定位后，与 $2 \times \phi 10$ mm 定位销配锉件 2 的两个定位槽至要求。

（9）件 1、件 4 与件 3 配锉。

件 1 与件 4 用圆柱销定位后，与 $2 \times \phi 10$ mm 定位销配锉件 3 的两个定位槽至要求。

5）评分表

评分表如表 15-14 所示。

表 15-14　燕尾凸台形体开口多件锉配评分表

项目	序号	考 核 要 求	配分	评 定 标 准	实测记录	得分
件 1	1	$(R10_{-0.03}^{0})$ mm	3	超差不得分		
	2	$(R12_{0}^{+0.03})$ mm（2 处）	2×2	一处超差扣 2 分		
	3	$(\phi 8_{0}^{+0.015})$ mm（2 处）	2×0.5	一处超差扣 0.5 分		
	4	$60° \pm 2'$（2 处）	2×2	一处超差扣 2 分		
	5	$(20_{-0.02}^{0})$ mm	1	超差不得分		
	6	$(44_{-0.02}^{0})$ mm	1	超差不得分		
	7	(14 ± 0.02) mm	1	超差不得分		
	8	(22 ± 0.03) mm	1	超差不得分		
	9	(38 ± 0.03) mm	1	超差不得分		
	10	(30 ± 0.05) mm	1	超差不得分		
	11	对称度公差 $\leqslant 0.02$ mm（4 处）	4×1.5	一处超差扣 1.5 分		
	12	表面粗糙度 $Ra \leqslant 1.6$ μm（16 处）	16×0.1	一处超差扣 0.1 分		

续表

项目	序号	考核要求	配分	评定标准	实测记录	得分
件2	13	$90°\pm4'$	3	超差不得分		
	14	$(10^{+0.02}_{0})$mm(2处)	2×1	一处超差扣1分		
	15	$(80^{0}_{-0.03})$mm	1	超差不得分		
	16	(60 ± 0.05)mm	1	超差不得分		
	17	对称度公差≤0.03 mm(3处)	3×1.5	一处超差扣1.5分		
	18	表面粗糙度Ra≤1.6 μm(20处)	20×0.1	一处超差扣0.1分		
件3	19	$90°\pm2'$(2处)	2×2	一处超差扣2分		
	20	$(80^{0}_{-0.03})$mm	1	超差不得分		
	21	(44 ± 0.05)mm	1	超差不得分		
	22	(35 ± 0.05)mm	1	超差不得分		
	23	对称度公差≤0.03 mm(2处)	2×1.5	一处超差扣1.5分		
	24	表面粗糙度Ra≤1.6 μm(16处)	16×0.1	一处超差扣0.1分		
件4	25	$(\phi8^{+0.015}_{0})$mm	0.5	超差不得分		
	26	$(\phi10^{+0.015}_{0})$mm	0.5	超差不得分		
	27	$(80^{+0.03}_{0})$mm	1	超差不得分		
	28	(35 ± 0.05)mm	1	超差不得分		
	29	(105 ± 0.05)mm	1	超差不得分		
	30	对称度公差≤0.03 mm(4处)	4×1.5	一处超差扣1.5分		
	31	表面粗糙度Ra≤1.6 μm(10处)	10×0.1	一处超差扣0.1分		
配合	32	件1与件2、件3的配合间隙≤0.04 mm(14处)	14×1	一处超差扣1分		
	33	件1翻转180°与件2、件3配合间隙≤0.04 mm(14处)	14×1	一处超差扣1分		
	34	两定位销件5与件1、件4配合间隙≤0.04 mm(4处)	4×1	一处超差扣1分		
	35	四圆柱销件6与件2的两个直槽以及与件3的两个90°V形槽面的配合间隙≤0.02 mm(4处)	4×1	一处超差扣1分		
安全文明生产	36	1.根据国家(或行业、企业)颁发的有关规定 2.工具、量具、夹具与零件摆放合理 3.场地整洁		由总得分中扣除,扣分不超过10分		
工时定额	37	8 h	3.1	超差不得分		

3. 六芒星形体开口多件锉配

1）考件图样

考件图样如图 15-15 所示。

技术要求

1. 件 1 与件 5、件 6 装配后的配合间隙≤0.04 mm。
2. 件 1 旋转 60°、180°与件 5、件 6 配合间隙≤0.04 mm。
3. 件 2 与件 1、件 5 装配后的配合间隙≤0.04 mm。
4. 件 3 与件 1、件 5 装配后的配合间隙≤0.04 mm。
5. 件 4 与件 1、件 6 装配后的配合间隙≤0.04 mm。
6. 件 5 与件 6 装配后的配合间隙≤0.04 mm。
7. 四圆柱销件 8 与件 5、件 6 的配合间隙≤0.02 mm。
8. 锐角倒钝 0.2×45°。
9. 不准使用砂布或油石修磨加工面。

件号	名称	图号	数量	材料	备注
9	定位销	图 15-15(g)	4	45 钢	预制件
8	圆柱销	图 15-15(f)	4	45 钢	预制件
7	底板	图 15-15(e)	1	45 钢	
5、6	上、下三星槽板	图 15-15(d)	2	45 钢	
2、3、4	小三角体	图 15-15(c)	3	45 钢	
1	大三角体	图 15-15(b)	1	45 钢	

（a）装配图

图 15-15 六芒星形体开口多件锉配

（b）件1（大三角体）

（c）件2、件3、件4（小三角体）

（d）件5、件6（上、下三星槽板）

续图 15-15

（e）件7（底板）

（f）件8（圆柱销）　　　（g）件9（定位销）

续图 15-15

2）考件材料

考件材料为 45 钢。

3）考核要求

（1）考核内容。

① 尺寸公差、几何公差、表面粗糙度值应达到要求。

② 图样中未注公差按 GB/T 1804—2000 标准 IT12～IT14 规定的要求加工。

（2）工时定额　8 h。

（3）安全文明生产。

① 能正确执行安全技术操作规程。

② 能按企业有关文明生产的规定,做到工作场地整洁,工件、工具、量具摆放整齐。

4)加工步骤(仅供参考)

(1)加工件1。

① 锉坯料外形各面至要求。

② 按图样划出加工界线。

③ 钻 $\phi8$ mm 底孔。

④ 锉三角体至要求。

(2)加工件2、件3、件4。

① 锉坯料外形各面至要求。

② 按图样划出加工界线。

③ 钻 $\phi8$ mm 底孔。

④ 锉三角体至要求。

(3)加工件5、件6。

① 锉坯料外形各面至要求。

② 按图样划出加工界线。

③ 钻 $5\times\phi2$ mm 工艺孔。

④ 在三星槽处钻 $\phi3\sim\phi5$ mm 工艺排孔并清除中间余料。

⑤ 锯去两45°斜面外多余部分。

⑥ 锉两45°斜面至要求。

⑦ 粗、细锉两个90°直角槽,留配锉余量。

⑧ 粗、细锉三星槽各面,留配锉余量。

(4)加工件7。

① 锉坯料外形各面至要求。

② 按图样划出加工界线。

③ 钻 $4\times\phi10$ mm 底孔。

④ 铰 $4\times\phi10$ mm 孔至要求。

(5)件5与件8配锉。

4个圆柱销件8安装在件7底板上,用 $2\times\phi10$ mm 定位销配锉件5的两个定位槽至要求。

(6)件6与件8配锉。

用 $2\times\phi10$ mm 定位销配锉件6的两个定位槽至要求。

(7)件5、件6与件1配锉。

件5、件6用圆柱销定位于底板上,其上、下三星槽与件1配锉至要求。

(8)件5、件6与件2、件3、件4配锉。

件5、件6用圆柱销定位于底板上,其上、下三星槽分别与件2、件3、件4配锉至要求。

(9)件1、件2、件3、件4与件7配钻、配铰。

件1、件2、件3、件4与件5、件6用圆柱销定位于底板上,配钻、配铰件7上4×ϕ8 mm
定位销孔至要求。

5)评分表

评分表如表15-15所示。

表 15-15　六芒星形体开口多件锉配评分表

项目	序号	考核要求	配分	评定标准	实测记录	得分
件1	1	60°±2′(3处)	3×1	一处超差扣1分		
	2	(20±0.01)mm(3处)	3×0.5	一处超差扣0.5分		
	3	($\phi 8_{0}^{+0.015}$)mm	0.5	超差不得分		
	4	表面粗糙度 Ra≤1.6 μm(3处)	3×0.1	一处超差扣0.1分		
件2	5	60°±2′(3处)	3×1	一处超差扣1分		
	6	(6.67±0.01)mm(3处)	3×0.5	一处超差扣0.5分		
	7	($\phi 8_{0}^{+0.015}$)mm	0.5	超差不得分		
	8	表面粗糙度 Ra≤1.6 μm(3处)	3×0.1	一处超差扣0.1分		
件3	9	60°±2′(3处)	3×1	一处超差扣1分		
	10	(6.67±0.01)mm(3处)	3×0.5	一处超差扣0.5分		
	11	($\phi 8_{0}^{+0.015}$)mm	0.5	超差不得分		
	12	表面粗糙度 Ra≤1.6 μm(3处)	3×0.1	一处超差扣0.1分		
件4	13	60°±2′(3处)	3×1	一处超差扣1分		
	14	(6.67±0.01)mm(3处)	3×0.5	一处超差扣0.5分		
	15	($\phi 8_{0}^{+0.015}$)mm	0.5	超差不得分		
	16	表面粗糙度 Ra≤1.6 μm(3处)	3×0.1	一处超差扣0.1分		
件5	17	90°±2′(2处)	2×1	一处超差扣1分		
	18	($35_{-0.02}^{0}$)mm(2处)	2×1	一处超差扣1分		
	19	($90_{-0.02}^{0}$)mm	1	超差不得分		
	20	($55_{-0.03}^{0}$)mm	1	超差不得分		
	21	($110_{-0.03}^{0}$)mm	1	超差不得分		
	22	($\phi 10_{0}^{+0.015}$)mm	0.5	超差不得分		
	23	对称度公差≤0.03 mm(4处)	4×1	一处超差扣1分		
	24	表面粗糙度 Ra≤1.6 μm(19处)	19×0.1	一处超差扣0.1分		

续表

项目	序号	考核要求	配分	评定标准	实测记录	得分
件6	25	$90°\pm2'$(2处)	2×1	一处超差扣1分		
	26	$(35_{-0.02}^{0})$mm(2处)	2×1	一处超差扣1分		
	27	$(90_{-0.02}^{0})$mm	1	超差不得分		
	28	$(55_{-0.03}^{0})$mm	1	超差不得分		
	29	$(110_{-0.03}^{0})$mm	1	超差不得分		
	30	$(\phi10_{0}^{+0.015})$mm	0.5	超差不得分		
	31	对称度公差≤0.03 mm(4处)	4×1	一处超差扣1分		
	32	表面粗糙度 Ra≤1.6 μm(19处)	19×0.1	一处超差扣0.1分		
件7	33	$(110_{0}^{+0.03})$mm(2处)	2×1	一处超差扣1分		
	34	(80 ± 0.05)mm(4处)	4×1	一处超差扣1分		
	35	$(\phi10_{0}^{+0.015})$mm(4处)	4×0.5	一处超差扣0.5分		
	36	对称度公差≤0.03 mm(4处)	4×1	一处超差扣1分		
配合	37	(80 ± 0.05)mm(2处)	2×1	一处超差扣1分		
		(110 ± 0.05)mm	1	超差不得分		
	38	件1与件5、件6装配后的配合间隙≤0.04 mm(6处)	6×1	一处超差扣1分		
		件1旋转60°、180°与件5、件6配合间隙≤0.04 mm(12处)	12×1	一处超差扣1分		
		件2与件1、件5装配后的配合间隙≤0.04 mm(3处)	3×1	一处超差扣1分		
		件3与件1、件5装配后的配合间隙≤0.04 mm(3处)	3×1	一处超差扣1分		
		件4与件1、件6装配后的配合间隙≤0.04 mm(3处)	3×1	一处超差扣1分		
	39	件5与件6装配后的配合间隙≤0.04 mm(2处)	2×1	一处超差扣1分		
	40	四圆柱销件8与件5、件6的配合间隙≤0.02 mm(8处)	8×0.5	一处超差扣0.5分		
安全文明生产	41	1.根据国家(或行业、企业)颁发的有关规定 2.工具、量具、夹具与零件摆放合理 3.场地整洁		由总得分中扣除，扣分不超过10分		
工时定额	42	8 h	4	超差不得分		

钳工技能模拟试题

通过钳工技能模拟试题的练习,学习者有望进一步提高钳工操作技能和实际钳工工作水平,为今后参加钳工技能考核做好充分准备。

>>> 任务一 钳工技能模拟试题 1

钳工技能模拟试题 1 图样如图 16-1 所示,试按图样制作考件。

(a) 件1

(b) 件2

图 16-1 钳工技能模拟试题 1

（c）件1与件2配合

续图 16-1

模拟试题 1

任务二　钳工技能模拟试题 2

钳工技能模拟试题 2 图样如图 16-2 所示，试按图样制作考件。

图 16-2　钳工技能模拟试题 2

模拟试题 2

任务三 钳工技能模拟试题 3

钳工技能模拟试题 3 图样如图 16-3 所示,试按图样制作考件。

（a）件1

（b）件2

图 16-3 钳工技能模拟试题 3

模拟试题 3

任务四　钳工技能模拟试题 4

钳工技能模拟试题 4 图样如图 16-4 所示，试按图样制作考件。

（a）件1

（b）件2

图 16-4　钳工技能模拟试题 4

模拟试题 4

任务五 钳工技能模拟试题 5

钳工技能模拟试题 5 图样如图 16-5 所示,试按图样制作考件。

（a）件1

（b）件2

图 16-5 钳工技能模拟试题 5

模拟试题 5

任务六　钳工技能模拟试题 6

钳工技能模拟试题 6 图样如图 16-6 所示,试按图样制作考件。

（a）件1

（b）件2

图 16-6　钳工技能模拟试题 6

模拟试题 6

任务七 钳工技能模拟试题 7

钳工技能模拟试题 7 图样如图 16-7 所示,试按图样制作考件。

（a）件1

（b）件2

图 16-7 钳工技能模拟试题 7

任务八　钳工技能模拟试题 8

钳工技能模拟试题 8 图样如图 16-8 所示,试按图样制作考件。

（a）件1

（b）件2

图 16-8　钳工技能模拟试题 8

>>> 任务九　钳工技能模拟试题 9

钳工技能模拟试题 9 图样如图 16-9 所示,试按图样制作考件。

（a）件1

（b）件2

图 16-9　钳工技能模拟试题 9

模拟试题 9

244 钳 工 实践技能

任务十　钳工技能模拟试题 10

钳工技能模拟试题 10 图样如图 16-10 所示，试按图样制作考件。

（a）件1

所示面与件1对应面配作

（b）件2

图 16-10　钳工技能模拟试题 10

模拟试题 10

任务十一　钳工技能模拟试题 11

钳工技能模拟试题 11 图样如图 16-11 所示,试按图样制作考件。

（a）件1

（b）件2

图 16-11　钳工技能模拟试题 11

模拟试题 11

钳工理论知识考核试题

>>> 任务一 初级工理论知识考核试题

一、初级工选择题

1. 国家标准规定的基本偏差符号用( )字母表示。
(A) 拉丁 　　　(B) 英文 　　　(C) 希腊 　　　(D) 汉语

2. 基本偏差用于确定公差带相对零线的( )。
(A) 位置 　　　(B) 大小 　　　(C) 方向 　　　(D) 刃倾角偏离程度

3. 千分尺的制造精度分为 0 级和 1 级两种,0 级精度( )。
(A) 稍差 　　　(B) 一般 　　　(C) 最高 　　　(D) 偏高

4. 千分尺的分度值是( )。
(A) 0.1 mm 　　　(B) 0.01 mm 　　　(C) 0.001 mm 　　　(D) 0.05 mm

5. 用万能角度尺测量工件,当测量角度大于 90°小于 180°时,应加上( )。
(A) 90° 　　　(B) 180° 　　　(C) 360° 　　　(D) 45°

6. 过渡配合中,孔的下偏差必定( )轴的上偏差。
(A) 等于 　　　(B) 大于 　　　(C) 小于 　　　(D) 稍大于

7. 允许尺寸变化的两个界限称为( )。
(A) 基本尺寸 　　　(B) 实际尺寸 　　　(C) 极限尺寸 　　　(D) 参考尺寸

8. 尺寸偏差是( )。
(A) 正值 　　　(B) 负值 　　　(C) 代数值 　　　(D) 绝对值

9. 在相同条件下平带传递的功率( ) V 带传递的功率。
(A) 大于 　　　(B) 等于 　　　(C) 小于 　　　(D) 约等于

10. V 带的计算长度指 V 带的( )。
(A) 外周长度 　　　(B) 内周长度 　　　(C) 中性层长度 　　　(D) 实际长度

11. 制造钻头的常用材料有( )。
(A) T10A 　　　(B) 9CrSi 　　　(C) 1W18Cr4V 　　　(D) T8A

12. 刀具( )的主要作用是减少刀具与工件已加工表面之间的摩擦。
(A) 前角 　　　(B) 后角 　　　(C) 楔角 　　　(D) 刃倾角

13. 可能具有间隙或过盈的配合称为( )配合。
(A) 间隙 　　　(B) 过渡 　　　(C) 过盈 　　　(D) 过渡或过盈

14. 发生电火时,应选用( )灭火。
(A) 水 　　　(B) 砂 　　　(C) 普通灭火器 　　　(D) 干粉灭火器

15. 机床需变速时,应( )变速。

(A) 停车   (B) 旋转时   (C) 高速旋转时   (D) 慢速旋转时

16. 刀具切削部分常用的材料中,红硬性最好的是( )。

(A) 碳素工具钢   (B) 高速钢   (C) 硬质合金   (D) 陶瓷材料

17. 基本偏差为 a~h 的轴与偏差为 H 的孔可构成( )配合。

(A) 间隙   (B) 过渡   (C) 过盈   (D) 过渡或过盈

18. 制造锯条的材料一般为( )。

(A) 45 钢   (B) 不锈钢   (C) T8 或 T12   (D) 40Cr

19. 粘接结合处的表面应尽量( )。

(A) 粗糙些   (B) 细些   (C) 粗细均可   (D) 略细些

20. 精铰孔的铰削余量一般为( )。

(A) 0.1~0.2 mm   (B) 0.25~0.35 mm

(C) 0.4~0.5 mm   (D) 0.15~0.25 mm

21. 螺纹上相邻两牙在中径线上对应两点间的轴向距离叫( )。

(A) 导程   (B) 螺距   (C) 节距   (D) 间距

22. 机械加工后留下的刮削余量不宜太大,一般为( )。

(A) 0.04~0.05 mm   (B) 0.05~0.4 mm

(C) 0.4~0.5 mm   (D) 0.05~0.5 mm

23. 主要用于碳素工具钢、合金工具钢、高速钢和铸铁工件研磨的磨料是( )磨料。

(A) 碳化物   (B) 氧化物   (C) 金刚石   (D) 氧化铬

24. 装配精度完全依赖于零件加工的装配方法是( )。

(A) 完全互换法   (B) 选配法   (C) 调整法   (D) 修配法

25. 部件装配和总装配都是由若干个装配( )组成的。

(A) 工步   (B) 工序   (C) 基准零件   (D) 标准零件

26. 切削加工时,主运动有( )。

(A) 一个   (B) 两个   (C) 三个   (D) 四个

27. 制作手锤、錾子等钳工工具的材料是( )。

(A) 碳素结构钢   (B) 高速钢   (C) 碳素工具钢   (D) 40Cr

28. YG 类硬质合金适用于加工( )。

(A) 碳素结构钢   (B) 铸铁、青铜   (C) 合金钢   (D) 碳素工具钢

29. 为了降低钢件的硬度,便于切削加工,可采用( )处理。

(A) 退火   (B) 淬火   (C) 回火   (D) 调质

30. 为了提高钢件的硬度和强度,以提高耐磨性,可以采用( )处理。

(A) 正火   (B) 时效   (C) 淬火   (D) 调质

31. 基本偏差为 j~zc 的轴与偏差为 H 的孔可构成( )配合。

(A) 间隙   (B) 过渡   (C) 过盈   (D) 过渡或过盈

32. 在基本偏差中,( )属于完全对称偏差。

(A) H 和 h   (B) JS 和 js   (C) G 和 g   (D) K 和 k

33. 钻实体孔时的切削深度（　　）。

(A) 等于钻孔的深度　　　　　　　　　(B) 等于钻头直径的一半

(C) 等于钻头直径　　　　　　　　　　(D) 大于钻头直径

34. 刮削时由于用力不均,局部落刀太重或轨迹多次重叠而产生的缺陷是(　　)。

(A) 振痕　　　　　(B) 丝痕　　　　　(C) 深凹痕　　　　　(D) 扎刀

35. 刮削时多次同向刮削,轨迹没有交叉而产生的缺陷是(　　)。

(A) 深凹痕　　　　(B) 振痕　　　　　(C) 丝痕　　　　　(D) 凸凹不均

36. 渗碳处理主要适用于(　　)。

(A) 碳素工具钢　　　　　　　　　　　(B) 低碳钢和低合金钢

(C) 中碳钢　　　　　　　　　　　　　(D) 高碳钢

37. 挺刮法适合刮削(　　)。

(A) 余量较大的平面　　　　　　　　　(B) 内曲面如套类零件

(C) 余量较小的平面　　　　　　　　　(D) 外曲面如轴类零件

38. 平台和方箱在划线工作中属于(　　)工具。

(A) 测量　　　　　(B) 支承　　　　　(C) 基准　　　　　(D) 辅助

39. 卡规通规的开挡尺寸(　　)被测轴径的最大极限尺寸。

(A) 大于　　　　　(B) 小于　　　　　(C) 等于　　　　　(D) 超出

40. 分度头的两种常用分度方法是简单分度法和(　　)。

(A) 近似分度法　　　　　　　　　　　(B) 角度分度法

(C) 差动分度法　　　　　　　　　　　(D) 单动间隙分度法

41. 分度头内的蜗轮与蜗杆的传动比为(　　)。

(A) 1/20　　　　　(B) 1/30　　　　　(C) 1/40　　　　　(D) 1/90

42. 分度头的分度手柄转一周时,装夹在主轴上的工件转(　　)周。

(A) 40　　　　　　(B) 1　　　　　　(C) 1/40　　　　　(D) 1/20

43. 砂轮机旋转时,砂轮的线速度 v 一般为(　　)。

(A) 25 m/s　　　　(B) 35 m/s　　　　(C) 45 m/s　　　　(D) 60 m/s

44. 为了进行环形、圆形、圆弧和曲线等的剪切落料,可采用(　　)剪板机。

(A) 手掀式　　　　(B) 双盘式　　　　(C) 龙门式　　　　(D) 液压摆式

45. Z535 型立式钻床的最大钻孔直径是(　　)。

(A) 35 mm　　　　(B) 50 mm　　　　(C) 75 mm　　　　(D) 60 mm

46. Z535 型立式钻床的主轴孔锥度为莫氏(　　)。

(A) 3 号　　　　　(B) 4 号　　　　　(C) 5 号　　　　　(D) 6 号

47. Z35 型摇臂钻床的最大钻孔直径是(　　)。

(A) 35 mm　　　　(B) 50 mm　　　　(C) 75 mm　　　　(D) 60 mm

48. Z35 型摇臂钻床的主轴孔锥度为莫氏(　　)。

(A) 4 号　　　　　(B) 5 号　　　　　(C) 6 号　　　　　(D) 3 号

49. 在铸锻件毛坯表面上进行划线时,可使用(　　)。

(A) 甲基紫　　　　(B) 硫酸铜溶液　　(C) 石灰水　　　　(D) 醇酸树脂涂料

50. 对于各种形状复杂、批量大、精度要求一般的零件,可选用( )来划线。

(A)平面样板划线法 (B)几何划线法

(C)直接翻转零件法 (D)立体划线法

51. 用于检查工件在加工后的各种缺陷,甚至在出现废品时用于分析原因的线,称为( )。

(A)加工线 (B)找正线 (C)证明线 (D)基准线

52. 划线确定了工件的尺寸界限,在加工过程中,应通过( )来保证尺寸的准确性。

(A)划线 (B)测量 (C)加工 (D)按线加工

53. 当毛坯件上有不加工表面时,对加工表面自身位置校正后再划线,能使各加工表面与不加工表面之间保持( )。

(A)尺寸均匀 (B)形状均匀

(C)尺寸和形状均匀 (D)尺寸不均匀

54. 划线时,千斤顶主要用来支承( )工件。

(A)圆柱形轴类或套类 (B)毛坯或形状不规则的

(C)形状规则的半成品 (D)方形类

55. 设计图样上所采用的基准,称为( )。

(A)设计基准 (B)定位基准 (C)划线基准 (D)加工基准

56. 用分度头划线,在调整分度叉时,如果分度手柄要摇过42个孔距数,则两叉脚间就有( )个孔。

(A)41 (B)42 (C)43 (D)44

57. 划线时,选用未切削加工过的毛坯面作为基准,使用次数只能为( )次。

(A)一 (B)二 (C)三 (D)四

58. 平面划线要选择( )个划线基准。

(A)一 (B)两 (C)三 (D)四

59. 立体划线时,要选择( )个划线基准。

(A)两 (B)三 (C)多 (D)一

60. 找正的目的,不仅是使加工表面与不加工表面之间保持尺寸均匀,同时还使各加工表面的( )。

(A)加工余量减少 (B)加工余量增加

(C)加工余量合理和均匀分布 (D)加工余量均匀分布

61. 划线时,当发现毛坯误差不大时,可依靠( )方法予以补救,使加工后的零件仍然符合要求。

(A)找正 (B)借料 (C)变换基准 (D)改变尺寸

62. 在工具制造中,最常用的立体划线方法是( )。

(A)平面样板划线法 (B)几何划线法

(C)直接翻转零件法 (D)拉线与吊线法

63. 工具钳工常用的手用锯条,其长度为( )。

(A)250 mm (B)300 mm (C)400 mm (D)200 mm

64. 锯削软钢、铝、纯铜,应选用(   )齿手用锯条。

(A) 粗   (B) 中   (C) 细

65. 锯削中等硬度钢、硬的轻金属、黄铜、较厚的型钢,应选用(   )齿手用锯条。

(A) 粗   (B) 中   (C) 细

66. 锯削板料、薄壁管子、电缆及硬性金属,应选用(   )齿手用锯条。

(A) 粗   (B) 中   (C) 细

67. 锉刀的锉纹号分为(   )种等级。

(A) 3   (B) 4   (C) 5   (D) 6

68. 锯削工件时,在一般情况下采用(   )较好。

(A) 远起锯   (B) 近起锯   (C) 任意位置起锯   (D) 中间起锯

69. 錾子的前刀面与后刀面之间的夹角称为(   )。

(A) 楔角   (B) 切削角   (C) 前角   (D) 后角

70. 錾切厚板料时,可先钻出密集的排孔,再放在铁砧上錾切。当錾切直线时,应采用( )。

(A) 狭錾   (B) 阔錾   (C) 油槽錾   (D) 尖錾

71. 錾切厚板料时,可先钻出密集的排孔,再放在铁砧上錾切。当錾切曲线时,应采用( )。

(A) 狭錾   (B) 阔錾   (C) 油槽錾   (D) 尖錾

72. 在零件配合中,基准轴用字母(   )来表示。

(A) "h"   (B) "H"   (C) "φ"   (D) "R"

73. 在零件配合中,基准孔用字母(   )来表示。

(A) "h"   (B) "H"   (C) "φ"   (D) "R"

74. 錾削铜、铝等软性材料时,錾子的楔角应选取(   )。

(A) 60°~70°   (B) 50°~60°   (C) 30°~50°   (D) 10°~20°

75. 在锉削加工中,1 号纹锉刀用于(   )的锉削。

(A) 锉削余量较大   (B) 锉削余量适中

(C) 锉削余量较小   (D) 锉削余量很小

76. 在锉削加工中,3 号纹锉刀是(   )锉刀。

(A) 中粗   (B) 细齿   (C) 双细齿   (D) 油光

77. 在锉削加工中,5 号纹锉刀是(   )锉刀。

(A) 细齿   (B) 双细   (C) 油光   (D) 中粗

78. 锉削软材料时,若没有单纹锉,可选用(   )锉刀。

(A) 细齿   (B) 中齿   (C) 粗齿   (D) 油光

79. 在锉削加工余量较小或者在修正尺寸时,应采用(   )。

(A) 顺向锉法   (B) 交叉锉法   (C) 推锉法   (D) 直锉法

80. 造成铆接件工作表面凹痕的原因是罩模歪斜,或(   )。

(A) 铆钉太短   (B) 工作面不平整

(C) 罩模凹坑太大   (D) 铆钉太长

81. 压紧冲头的作用是(　　)。

(A) 使板料互相压紧贴合　　　　　　　(B) 用作铆合头

(C) 顶住铆钉　　　　　　　　　　　　(D) 顶住工件

82. 顶模的柄部制成(　　)。

(A) 圆柱形　　　　(B) 三角形　　　　(C) 扁身　　　　(D) 四方形

83. 粘接面的最好结构形式是(　　)。

(A) T 形槽　　　(B) 燕尾槽　　　　(C) 轴套类配合　(D) 平面接合

84. 工件在粘接前的表面清洗工作,除了常用香蕉水清洗外,还可用(　　)清洗。

(A) 柴油　　　　　(B) 丙酮　　　　　(C) 酸类溶液　　(D) 汽油

85. 磷酸-氧化铜黏合剂的正常颜色为(　　)。

(A) 黑灰色　　　　(B) 绿色　　　　　(C) 蓝色　　　　(D) 灰色

86. 通常半圆头铆钉伸长部分的长度,应为铆钉直径的(　　)倍。

(A) 1~1.25　　　(B) 1.25~1.5　　(C) 1.5~1.75　(D) 1.75~2

87. 沉头铆钉伸长部分的长度,应为铆钉直径的(　　)倍。

(A) 0.5~0.8　　(B) 0.8~1.2　　(C) 1.2~1.5　　(D) 1.5~1.75

88. 对于需要高强度的钢结构的连接,如屋架、车辆等,应采用(　　)铆接。

(A) 强固　　　　　(B) 紧密　　　　　(C) 强密　　　　(D) 强紧

89. 对于既承受巨大压力、又要保持紧密结合的铆接,如蒸汽锅炉等高压容器,应采用(　　)铆接。

(A) 强固　　　　　(B) 紧密　　　　　(C) 强密　　　　(D) 强紧

90. 对于金属薄板与非金属材料的连接,应采用(　　)铆钉。

(A) 实心　　　　　(B) 半空心　　　　(C) 空心　　　　(D) 半实心

91. (　　)铆钉可用作强固连接和强密连接。

(A) 半圆头　　　　(B) 平头　　　　　(C) 沉头　　　　(D) 圆头

92. 金属材料的变形有弹性变形和(　　)变形两种。

(A) 拉伸　　　　　(B) 弯曲　　　　　(C) 塑性　　　　(D) 扭转

93. 矫正各种翘曲的板料,应采用(　　)法。

(A) 弯曲　　　　　(B) 延展　　　　　(C) 伸张　　　　(D) 拉伸

94. 弯曲后,中性层的长度(　　)。

(A) 变长　　　　　(B) 变短　　　　　(C) 不变　　　　(D) 略有变长

95. 弯曲前的毛坯长度,应该按(　　)的长度计算。

(A) 外层　　　　　(B) 内层　　　　　(C) 中性层　　　(D) 设计

96. 中性层的位置取决于(　　)。

(A) 弯曲半径 r　(B) 材料厚度 t　(C) 比值 r/t　(D) 材料

97. 矫正主要用于(　　)好的材料。

(A) 塑性　　　　　(B) 弹性　　　　　(C) 韧性　　　　(D) 刚性

98. 常用钢材的弯曲半径如果(　　)工件材料厚度,一般就不会被弯裂。

(A) 等于　　　　　(B) 小于　　　　　(C) 大于　　　　(D) 略小于

99. 材料冷作硬化后给进一步矫正带来困难,可进行(　　)处理。

(A) 退火　　　　　(B) 回火　　　　　(C) 调质　　　　　(D) 时效

100. 间隙配合中最大间隙是指孔的上极限尺寸与轴的下极限尺寸(　　)。

(A) 之和　　　　　(B) 之差　　　　　(C) 之积　　　　　(D) 之商

二、初级工判断题

1. 塞尺也是一种界限量规。(　　)

2. 剖视分全剖视、半剖视和局部剖视三大类。(　　)

3. 直接用于制造和检验工件的图样称为零件工作图,简称零件图。(　　)

4. 旋转视图要有标记。(　　)

5. 螺纹千分尺用来测量螺纹大径。(　　)

6. 万能角度尺可以测量 $0° \sim 360°$ 的任何角度。(　　)

7. 几何公差就是限制零件的形状误差。(　　)

8. 工件的尺寸精度越高,它的表面粗糙度值就越小。(　　)

9. 带传动时小带轮的包角愈大,传递的拉力也愈大。(　　)

10. 靠摩擦力工作的带传动不能保证严格的传动比。(　　)

11. 分度圆上的齿形角为零度。(　　)

12. 模数 m 表示齿轮齿形的大小,是没有单位的。(　　)

13. 溢流阀是压力控制阀的一种。(　　)

14. 液压系统的作用是将机械能转换为液压能。(　　)

15. 切削用量中,对刀具磨损影响最大的是切削速度。(　　)

16. 任何电气设备在经检查证明无电之前,应一律认为有电,不得乱动。(　　)

17. 一般来说,硬度高的材料耐磨性好。(　　)

18. 合理选择划线基准,是提高划线质量和效益的关键。(　　)

19. 安装锯条时,锯齿应朝向前推的方向。(　　)

20. 扁錾和尖錾均用于錾削沟槽及分割曲线形状板料。(　　)

21. 圆锉刀和方锉刀的尺寸规格都是以锉身长度表示的。(　　)

22. 金属材料弯曲时,其他条件一定,弯曲半径越小,变形越小。(　　)

23. 钻孔时,加切削液的目的主要是润滑。(　　)

24. 扩孔是用扩孔钻对工件上已有孔进行精加工。(　　)

25. 铰孔是用铰刀对粗加工的孔进行精加工。(　　)

26. 铰刀的前角 $\gamma = 0°$。(　　)

27. 机用铰刀一般采用不等齿距分布。(　　)

28. 原始平板刮削时,应采取四块平板相互研刮。(　　)

29. 刮花的目的主要是美观。(　　)

30. 在使用砂轮机时,砂轮的正确旋转方向,应使磨屑向上方飞离砂轮。(　　)

31. 砂轮机托架与砂轮间的距离应在 3 mm 以上。(　　)

32. 装配单元系统图主要起指导和组织装配工艺的作用。(　　)

33. 产品总装配后的调整工作,目的是使机构或机器工作协调。(　　)

34. 部装和总装都是由基准零件开始的。（　　　）

35. 测量电路中的电流时,电流表应与电路中的负载并联。（　　　）

36. 测量电路中的电压时,电压表应与电路中的负载并联。（　　　）

37. 电流的方向和值的大小不随时间变化的电流是交流电。（　　　）

38. 图纸上标注符号"○"表示圆柱度。（　　　）

39. 图纸上标注符号"⊥"表示直角。（　　　）

40. 决定錾子性能的主要参数是前角。（　　　）

41. 调和显示剂时,精刮时应调干些,这样才能显示清晰。（　　　）

42. 细刮工件时应注意保住已显的研点,并使研点数不断增加。（　　　）

43. 用塞规检验工件时,只要通端能顺利通过,该孔就合格了。（　　　）

44. 使用电动工具时,必须握住工具手柄,但可拉着软线拖动工具。（　　　）

45. 双重绝缘的电动工具,使用时不必戴橡胶手套。（　　　）

46. 工具钳工使用的台式钻床能钻削精度要求不高的孔,但不宜在台钻上锪孔、铰孔、攻螺纹等。（　　　）

47. 分度头中蜗轮蜗杆的传动比为 1/20。（　　　）

48. 一般砂轮的线速度为 35 m/s 左右。（　　　）

49. 圆盘工件上的任意等分孔都能借用铣床分度头,利用简单分度法来分度划线,既迅速又准确。（　　　）

50. 利用分度头划等分孔中心线时,分度盘上应尽量选用孔数较多的孔圈,因为摇动方便,准确度也高。（　　　）

51. 划线时用来确定工件各部分尺寸、几何形状及相对位置的依据称为划线基准。
（　　　）

52. 划线平板是划线工作的基准面,划线时可把需要划线的工件直接安放在划线平板上。（　　　）

53. 借料的目的是保证工件各部位的加工表面有足够的加工余量。（　　　）

54. 划线时,千斤顶主要用来支承半成品工件或形状规则的工件。（　　　）

55. 利用方箱划线,工件在一次安装后,通过翻转方箱,可以划出三个方向的尺寸线。
（　　　）

56. 工件上有装配关系的非加工部位,应先考虑作为划线的尺寸基准,以保证工件经划线和加工后能顺利地进行装配。（　　　）

57. 划线时,V 形块主要用来支承安放平面平整的工件。（　　　）

58. 凡铸件、锻件毛坯,多要进行借料划线。（　　　）

59. 划线时,划出的线条除要求清晰、均匀、符合要求外,最重要的是要保证尺寸准确。
（　　　）

60. 用于检查工件加工后的各种缺陷或出现废品时用于分析原因的线,称为找正线。
（　　　）

61. 当零件上有两个以上不加工表面时,应选择其中面积较小、较次要的或外观质量要求较低的表面作为校正基准。（　　　）

62. 划线能及时发现毛坯的各种质量问题,当毛坯误差不大时,可通过划线借料予以补救。(　　)

63. 划线时,一般应选择设计基准为划线基准。(　　)

64. 在需要精加工的已加工表面上划线时,用硫酸铜溶液作为涂料。(　　)

65. 采用样板划线的方法适用于形状简单、精度要求高和加工面少的工件。(　　)

66. 对錾子切削部分进行热处理时,其淬火硬度越高越好,以增加其耐磨性。(　　)

67. 錾削平面时,在接近尽头处应调头錾去余下部分,这样可避免工件边缘崩裂。
(　　)

68. 錾子的楔角和后角对錾削质量和效率没有影响,因此可以任意选取。(　　)

69. 选择锉刀锉纹号主要依据工件的加工余量、加工精度和表面粗糙度要求。(　　)

70. 用手锯锯削时,其起锯角应小于 15°,但不能太小。(　　)

71. 安装锯条时不仅要注意齿尖方向,还要注意锯条的松紧程度。(　　)

72. 锯削钢材时,锯条往返均需施加压力。(　　)

73. 手用钳子的铆接为固定铆接。(　　)

74. 铆钉伸长部分的长度应为铆钉直径的 1.25~1.5 倍。(　　)

75. 罩模与顶模的区别在于柄部。(　　)

76. 粘接面的表面粗糙度越大,配合间隙越大,则粘接强度越高。(　　)

77. 粘接面的表面处理是保证粘接强度的重要环节。(　　)

78. 锯削中,零件快要锯断时,锯削速度要加快,压力要轻,并用手扶住被锯下的部分。
(　　)

79. 手工锯削管子时必须选用粗齿锯条,这样可以加快锯削速度。(　　)

80. 粘接面的最好结构形式是轴套类配合。(　　)

81. 铆接按使用要求可分为固定铆接和活动铆接。(　　)

82. 铆接的形式主要有对接、搭接和角接。(　　)

83. 铆钉的直径一般为板厚的一倍。(　　)

84. 用于铆接的平头铆钉罩模的工作部分应制成凸形。(　　)

85. 半圆铆合头不完整的原因是铆钉太短。(　　)

86. 无机粘接所用的黏合剂有磷酸盐型和硅酸盐型两类。(　　)

87. 粘接表面可以不经过处理直接进行粘接。(　　)

88. 有机黏合剂的基体胶样的合成树脂分为热固性树脂和热塑性树脂。(　　)

89. 一切材料都能进行矫正。(　　)

90. 热弯管子时,在两塞头中间钻小孔的目的是防止加热后气体膨胀而发生事故。
(　　)

91. 外力去除后仍能恢复原状的变形,称为弹性变形。矫正就是利用弹性变形来消除材料的弯曲、翘曲、凹凸不平等缺陷的加工方法。(　　)

92. 为使钢板中部凸起的变形恢复平直,应该敲打凸起处。(　　)

93. 标准麻花钻的顶角为 110°。(　　)

94. 钻削硬材料时,钻头顶角要大;钻削软材料时,钻头的顶角要小。(　　)

95. 对于标准麻花钻,在钻头的不同半径处,其螺旋角的大小是不等的,从钻头外缘向中心逐渐增大。(   )

96. 标准中心钻的顶角是60°。(   )

97. 用钻模钻孔的优点之一是工件装夹迅速方便,能缩短辅助时间。(   )

98. 在换快换钻夹头刀具时,仍要使主轴停止旋转。(   )

99. 在组合件上钻孔时,钻头容易向材料较硬的一边偏斜。(   )

100. 直柄麻花钻比锥柄麻花钻传递的转矩大。(   )

>>> 任务二 中级工理论知识考核试题

一、中级工选择题

1. 在零件极限配合中,过渡配合用符号(   )表示。

(A) e(E)   (B) m(M)   (C) h(H)   (D) s(S)

2. 与被测要素有关且用来确定其(   )关系的一个几何拟合(理想)要素,可由零件的一个或多个要素组成。

(A) 形状   (B) 位置   (C) 形状和位置   (D) 几何位置

3. 增大刀具的前角,切屑(   )。

(A) 变形大   (B) 变形小   (C) 不改变   (D) 略有变形

4. 不能改善材料的加工性能的措施是(   )。

(A) 增大刀具前角   (B) 进行适当的热处理

(C) 减小切削用量   (D) 减小切削深度

5. 高速磨削时,砂轮的线速度应大于(   )m/s。

(A) 30   (B) 35   (C) 45   (D) 50

6. 任何一个未被约束的物体,在空间具有进行(   )种运动的可能性。

(A) 六   (B) 五   (C) 四   (D) 三

7. 轴类零件用双中心孔定位,能消除(   )个自由度。

(A) 2   (B) 3   (C) 4   (D) 5

8. 使工件相对于刀具占有一个正确位置的夹具装置称为(   )装置。

(A) 夹紧   (B) 定位   (C) 对刀   (D) 支撑

9. 在液压系统中,将机械能转变为液压能的液压元件是(   )。

(A) 液压缸   (B) 滤油器   (C) 溢流阀   (D) 液压泵

10. (   )变化是影响液压油黏度变化的主要因素。

(A) 温度   (B) 压力   (C) 容积   (D) 体积

11. 液压系统的功率大小与系统的(   )大小有关。

(A) 压力和流量   (B) 压强和面积

(C) 压力与体积负载   (D) 压力和面积

12. 在大型工件上划线时,为了减少尺寸误差和换算手续,应尽可能使划线的尺寸基准与(   )一致。

(A) 工序基准   (B) 定位基准   (C) 设计基准   (D) 校对基准

13.三沟 V 形测砧千分尺的测量面夹角是(　　　)。

(A) 60°　　　　　(B) 90°　　　　　(C) 120°　　　　　(D) 45°

14.表面粗糙度的测量方法,除目测感觉法和粗糙度样板比较法外,还有光切法、干涉法和(　　)等三种。

(A) 投影法　　　　(B) 针描法　　　　(C) 测绘法　　　　(D) 照相法

15.螺纹止端工作塞规用于检验牙数大于 4 牙的内螺纹时,其旋合量不能多于(　　　)。

(A) 3 牙　　　　　(B) 4 牙　　　　　(C) 1 牙　　　　　(D) 2 牙

16.用螺纹量规检验螺纹属于(　　　)测量。

(A) 单项　　　　　(B) 相对　　　　　(C) 综合　　　　　(D) 绝对

17.作为检查工作样板的校对样板,在制造时,其精度和表面粗糙度与工作样板相比必须(　　　)。

(A) 高些　　　　　(B) 相等　　　　　(C) 低些　　　　　(D) 一致

18.钻头、丝锥、铰刀等柄式刀具,在磨削加工过程中,应特别注意刀具工作部分与安装基准部分的(　　　)。

(A) 圆柱度　　　　(B) 尺寸一致性　　(C) 同轴度　　　　(D) 圆度

19.为获得成形铣刀铲齿后较小的表面粗糙度,在铲齿前应对刀坯进行(　　　)。

(A) 热处理调质　　(B) 热处理淬火　　(C) 热处理正火　　(D) 热处理回火

20.为便于制造和重磨时控制齿形精度,一般精加工用的齿轮滚刀的前角(　　　)。

(A) $\gamma_o = 0°$　　(B) $\gamma_o > 0°$　　(C) $\gamma_o < 0°$　　(D) $\gamma_o \approx 0°$

21.对于前角 $\gamma_o = 0°$ 的刀具,用单角铣刀铣削齿沟时,铣刀的刀刃夹角应(　　　)被加工刀具的齿沟角。

(A) 大于　　　　　(B) 小于　　　　　(C) 等于　　　　　(D) 约等于

22.被加工刀具的螺旋槽齿沟若是左旋,则应用(　　　)铣削。

(A) 左切双角铣刀　(B) 右切双角铣刀　(C) 单角铣刀　　　(D) 双角铣刀

23.刃磨螺旋槽前刀面时,为避免刃磨时产生干涉现象,应用(　　　)的锥面。

(A) 碗形砂轮　　　(B) 碟形砂轮　　　(C) 平形砂轮　　　(D) 角形砂轮

24.用模数铣刀磨端面时,必须用(　　　)严格控制齿形的对称性。

(A) 样板　　　　　(B) 机床　　　　　(C) 熟练操作　　　(D) 专用量具

25.装配时,使用可换垫片、衬套和镶条等来消除零件间的累积误差或配合间隙的方法是(　　　)。

(A) 修配法　　　　(B) 选配法　　　　(C) 调整法　　　　(D) 互换法

26.圆锥齿轮装配后在无载荷时,轮齿的接触部位应靠近轮齿的(　　　)。

(A) 小端　　　　　(B) 大端　　　　　(C) 中间　　　　　(D) 3/4 处

27.带传动机构装配后,要求两带轮的中间平面(　　　)。

(A) 重合　　　　　(B) 平行　　　　　(C) 相交　　　　　(D) 错开

28.用检验棒校正丝杠螺母副的同轴度时,为消除检验棒在各支承孔中的安装误差,可将其转过 180°再测量一次,取其(　　　)。

(A) 最大值　　　　(B) 平均值　　　　(C) 最小值　　　　(D) 绝对值

29. 在滚动轴承装配过程中,要控制和调整其间隙,方法是使轴承的内外圈做适当的( )。

(A) 轴向移动   (B) 径向移动   (C) 变形   (D) 错位

30. 由于基准要素必然存在着加工误差,因此在建立基准时应对基准要素规定适当的( )公差。

(A) 尺寸   (B) 形状   (C) 形位   (D) 几何

31. 材料不同,其弯曲模的间隙也不同,板材厚度为 t,当弯曲板材时,弯曲模的间隙为( )。

(A) $1.1t$ (B) $1.2t$ (C) $1.3t$ (D) $1.4t$

32. 当缺乏专用加工设备、只能借助钳工精加工样冲或样板时,凸凹模的配合加工顺序是( )。

(A) 先加工凹模,再加工凸模   (B) 先加工凸模,再加工凹模

(C) 任意选择   (D) 凸模、凹模同时加工

33. 若电动机制动时要求制动迅速、平稳,则应采用( )。

(A) 反接制动   (B) 机械制动   (C) 能耗制动   (D) 摩擦制动

34. 用来表明电气系统的组成、工作原理及各元件间连接方式的是( )。

(A) 原理图   (B) 安装图   (C) 系统图   (D) 工艺图

35. 量具和量仪所能测出的最大和最小的尺寸范围,称为( )。

(A) 示值范围   (B) 测量范围   (C) 示值稳定性   (D) 测量稳定性

36. 用样板比较法测量表面粗糙度时,一般情况下能较可靠地测量出( )的表面粗糙度。

(A) $Ra=0.1\sim0.8\ \mu m$ (B) $Ra=1.6\sim12.5\ \mu m$

(C) $Ra=25\sim100\ \mu m$ (D) $Ra=0.8\sim3.2\ \mu m$

37. 只有在材料受外力作用所产生的应力超过材料的( )时,才能实施矫正。

(A) 弹性极限   (B) 屈服极限   (C) 强度极限   (D) 抗拉强度

38. 棒类零件的变形主要是弯曲,一般用( )的方法矫直。

(A) 锤击   (B) 抽打   (C) 反向扭转   (D) 反向加压

39. 卷曲的细长线材可用( )进行矫直。

(A) 扭转法   (B) 伸长法   (C) 延展法   (D) 锤击法

40. 薄板表面如果有相邻的几处凸起,矫正时应先在凸起的交界处轻轻锤击,使( ),再锤击四周。

(A) 几处凸起初步锤平   (B) 几处凸起大小相同

(C) 几处凸起合并成一处   (D) 几处凸起基本消失

41. 工件在弯曲时,如果弯曲半径与材料厚度的比值 r/t 太小,就会造成工件( )。

(A) 形状或尺寸不准确   (B) 工件表面留有麻点

(C) 断裂   (D) 工件表面留有折痕

42. 三坐标划线机是在( )上工作的。

(A) 特殊平台   (B) 一般平台   (C) 精密平台   (D) 精研平台

43. 几何作图时,经常需要用圆弧来光滑连接已知直线。为保证相切,必须准确地作出连接圆弧的(　　)。

(A) 圆心和切点　　(B) 圆心　　　　(C) 切点　　　　(D) 切线

44. 金属切削刀具刃部材料的硬度要高于被加工材料的硬度,常温下,其硬度应为(　　)。

(A) 40~50 HRC　　(B) 50~60 HRC　　(C) 60 HRC 以上　　(D) 70 HRC 以上

45. 通常夹具的制造误差应是工件在该工序中允许误差的(　　)。

(A) 1~3 倍　　(B) 1/10~1/100　　(C) 3/5~1/5　　(D) 2~3 倍

46. 与机械传动相比,液压传动具有的优点之一是能(　　)。

(A) 实现无级变速　　　　　　　　(B) 实现有级变速

(C) 实现无级变速与有级变速　　　　(D) 变速更为快捷

47. 起重作业中,吊装绳与垂线间的夹角一般不大于(　　)。

(A) 30°　　　　(B) 45°　　　　(C) 60°　　　　(D) 75°

48. 衡量企业设备维修工作好坏的主要指标是(　　)。

(A) 设备完好率　　　　　　　　(B) 设备维修人次

(C) 设备新旧　　　　　　　　　(D) 设备利用率

49. 制造低速手动工具如锉刀、手用锯条等,选用的刀具材料为(　　)。

(A) 合金工具钢　　(B) 碳素工具钢　　(C) 高速工具钢　　(D) 硬质合金钢

50. 采用相对直径有较长长度的孔进行定位,称为长圆内孔定位,可以消除工件的(　　)自由度。

(A) 两个平动　　　　　　　　　(B) 两个平动两个转动

(C) 三个平动一个转动　　　　　　(D) 两个平动一个转动

51. 弯曲模的凹模的圆角半径可根据板料的厚度来选取,当厚度 $t > 4$ mm 时,$R_m = ($　　$)$。

(A) $2t$　　　　(B) $2t~3t$　　　　(C) $3t~6t$　　　　(D) $4t~7t$

52. 均衡生产要求(　　)。

(A) 绝对的按要求的季节性安排生产　　(B) 按设备的设计能力安排生产

(C) 避免时紧时松　　　　　　　　(D) 绝对平均地安排生产任务

53. 车间内各种起重机、平板车、电瓶车、辊道和输送带等属于(　　)。

(A) 生产设备　　(B) 辅助设备　　(C) 起重运输设备　　(D) 运送设备

54. 当一质点沿着等速旋转的圆半径做等速直线运动时,该点所描绘的轨迹称为(　　)。

(A) 阿基米德螺旋线　　(B) 渐开线　　(C) 抛物线　　　　(D) 摆线

55. 按划线基准划线时,若发现某些部位的加工余量不够,则应采用(　　)的方法,使各个部位的加工表面都有足够的加工余量。

(A) 找正　　　　(B) 多次划线　　(C) 借料　　　　(D) 重新选择划线基准

56. 用划针盘、角尺等工具使零件上有关的毛坯表面均处于合适位置的工作,称为(　　)。

(A) 划线　　　　(B) 找正　　　　(C) 借料　　　　(D) 定位

57. 弯曲时产生断裂的原因:弯曲过程中多次折弯,工件材料塑性差,以及(　　)。

(A) 弯曲半径超过规定的最大值　　　(B) 弯曲前没有加热

(C) 弯曲半径与材料厚度的比值太小　　(D) 材料的硬度过高

58. 材料弯曲后,中间有一层材料既没有伸长也没有缩短,称为中性层,它的位置(　　)。

(A) 取决于材料弯曲半径　　　　　(B) 取决于材料弯曲半径和材料厚度的比值

(C) 取决于材料的厚度　　　　　　(D) 取决于材料的塑性

59. 直径小于(　　)的管子一般可以冷弯,冷弯管子一般在弯管工具上进行。

(A) 12 mm　　　　(B) 30 mm　　　　(C) 50 mm　　　　(D) 70 mm

60. 研具是研磨时决定工件表面几何形状的(　　)。

(A) 专用工具　　　(B) 标准工具　　　(C) 常用工具　　　(D) 一般工具

61. 油石的硬度是指(　　)。

(A) 油石磨料的粗细　　　　　　　(B) 油石磨料的硬度

(C) 油石结合剂的强弱　　　　　　(D) 油石磨料的粒度

62. 珩磨时,油石的硬度应根据工件材料的硬度来选择,工件材料愈硬,选用的油石(　　)。

(A) 硬度先软后硬　　(B) 硬度愈软　　　(C) 硬度愈硬　　　(D) 硬度先硬后软

63. 珩磨时,工件产生腰鼓的原因是(　　)。

(A) 油石在孔两端超越过大　　　　(B) 油石在孔中两端超越过小

(C) 油石在孔中只有一端超越　　　(D) 油石本身质量不高

64. 研磨各种铜制件时,常用(　　)作为研具。

(A) 巴氏合金　　　(B) 灰铸铁　　　　(C) 软钢　　　　　(D) 铝

65. 铆钉铆接后,工件之间有间隙的原因是(　　)。

(A) 铆钉太长,直径太小　　　　　(B) 工件不平整,板料未夹紧

(C) 工件之间有异物　　　　　　　(D) 工件结合部不平

66. 焊锡中锡和铅的不同比例决定了焊锡的熔化温度,锡的比例越高(　　)。

(A) 焊接的熔点越高　　　　　　　(B) 焊接时流动性越差

(C) 焊接的熔点越低　　　　　　　(D) 焊接时流动性越好

67. 有机黏合剂填料的作用是(　　),改善黏合剂的性能。

(A) 缩短固化周期,增大固化强度　　(B) 增大基体材料的韧性和抗冲击强度

(C) 降低黏合剂的热膨胀系数和收缩率　(D) 缩短固化周期和减小收缩率

68. 锡焊时,焊缝不牢是由于(　　)。

(A) 烙铁温度太高,表面形成氧化铜

(B) 焊锡质量太差,熔化后流动性太差

(C) 焊剂选用不当,影响焊缝清洁工作质量

(D) 烙铁温度过低,焊缝不干净

69. 焊剂的作用是(　　),提高焊锡的流动性,增加焊接强度。

(A) 降低焊锡熔化温度

(B) 清除焊缝处的金属氧化膜,保护金属不被氧化

(C) 保持焊缝清洁

(D) 提高焊锡熔化温度

70. 轴颈或壳体孔台阶处的圆弧半径应(　　)轴承的圆弧半径。

(A) 大于　　　　　(B) 小于　　　　　(C) 等于　　　　　(D) 约等于

71. 对于高速、高精度的转轴,应进行(　　)试验。

(A) 静不平衡　　　　(B) 动平衡　　　　　(C) 静平衡　　　　(D) 动不平衡

72. 阿基米德螺旋线齿背可在(　　)上加工。

(A) 铣床　　　　　　(B) 铲齿车床　　　　(C) 刨齿机　　　　(D) 铣齿机

73. 衡量刀具材料切削性能的主要标志是(　　)。

(A) 硬度　　　　　　(B) 韧性　　　　　　(C) 塑性　　　　　(D) 红硬性

74. 牌号 YW1 和 YW2 的刀具材料是(　　)。

(A) 高速钢　　　　　　　　　　　　　(B) 钨钴钛类硬质合金

(C) 合金工具钢　　　　　　　　　　　(D) 添加稀有金属碳化物合金

75. 夹紧力的作用点要靠近工件的加工表面,夹紧力的作用点尽可能对着(　　),以免产生倾翻力矩和夹紧变形。

(A) 定位体并作用在定位体组成的平面内　(B) 导向件

(C) 夹具体　　　　　　　　　　　　　(D) 定位体

76. 分度装置中,分度销的轴心线与分度盘的旋转轴平行时,称为(　　)。

(A) 径向分度　　　　(B) 轴向分度　　　　(C) 平行分度　　　(D) 垂直分度

77. 高精度的铲齿刀具热处理后,为保证齿形正确,应用砂轮铲磨(　　)。

(A) 前刀面　　　　　(B) 齿背　　　　　　(C) 齿沟　　　　　(D) 齿槽

78. 对于对心式直动尖底从动件盘形凸轮机构,欲实现等速运动规律,对应的凸轮廓线是(　　)。

(A) 渐开线　　　　　　　　　　　　　(B) 摆线

(C) 阿基米德螺旋线　　　　　　　　　(D) 双曲线

79. 通常选定精度要求较高的面或主要加工面作为第一划线位置,其目的是(　　)。

(A) 工件校正时,比较准确

(B) 保证它们有足够的加工余量,加工后便于达到设计要求

(C) 便于全面了解和校正,并划出大部分的加工线

(D) 节省划线时间,提高生产效率

80. 对大型工件划线时,为保证工件安置平稳、安全可靠,选择的安置基面必须是(　　)。

(A) 大而平直的面　　　　　　　　　　(B) 加工余量大的面

(C) 精度要求较高的面　　　　　　　　(D) 加工余量小的面

81. 在某些特殊场合,需要操作者进入工件内部划线时,支承工件应采用(　　)。

(A) 斜铁　　　　　　(B) 千斤顶　　　　　(C) 方箱　　　　　(D) V 形架

82. 特大工件要求经过一次吊装、找正就能完成整个工件的划线,一般采用的划线方法是(　　)。

(A) 直接翻转零件法　(B) 拉线与吊线法　　(C) 工件移位法　　(D) 几何划线法

83. 安装在方箱上的工件,通过方箱翻转,可划出(　　)方向的尺寸线。

(A) 两个　　　　　　(B) 三个　　　　　　(C) 四个　　　　　(D) 五个

84. 在毛坯工件上,找正后划线可使加工表面与不加工表面之间保持(　　)。

(A) 尺寸均匀　　　　(B) 形状均匀　　　　(C) 大小均匀　　　(D) 形状对称

85. 标准群钻主要用来钻削（　　）。

（A）铸铁　　　　　（B）碳钢　　　　　（C）合金工具钢　　（D）高速钢

86. 标准群钻磨短横刃后产生内刃,其前角（　　）。

（A）增大　　　　　（B）减小　　　　　（C）不变　　　　　（D）略有减小

87. 标准群钻上的分屑槽,应磨在一条主切削刃的（　　）段。

（A）外刃　　　　　（B）内刃　　　　　（C）圆弧刃　　　　（D）侧刃

88. 标准群钻磨有月牙形圆弧刃,刃上各点的前角增大,则切削时阻力（　　）。

（A）增大　　　　　（B）减小　　　　　（C）不变　　　　　（D）略有增大

89. 钻削铸铁的群钻,刃磨时横刃（　　）。

（A）磨短　　　　　（B）磨长　　　　　（C）不变　　　　　（D）磨尖

90. 钻削纯铜的群钻,为避免钻孔时"梗"入工件,刃磨时各刃前角（　　）。

（A）要小　　　　　（B）要大　　　　　（C）不变　　　　　（D）要低

91. 钻削铝、铝合金的群钻,除了降低前、后面表面粗糙度并将螺旋槽进行抛光处理外,钻削时采用的切削速度（　　）。

（A）较低　　　　　（B）不变　　　　　（C）较高　　　　　（D）要低

92. 小孔的钻削,是指小孔的孔径不大于（　　）。

（A）3 mm　　　　　（B）5 mm　　　　　（C）7 mm　　　　　（D）10 mm

93. 钻削小孔时,由于钻头细小,转速应（　　）。

（A）低　　　　　　（B）高　　　　　　（C）不变　　　　　（D）稍高一点

94. 孔的深度为孔径（　　）倍以上的孔称为深孔。

（A）5　　　　　　　（B）7　　　　　　　（C）10　　　　　　（D）15

95. 钻削相交孔时,一定要注意钻孔顺序:小孔后钻、大孔先钻;短孔后钻、长孔（　　）。

（A）先钻　　　　　（B）后钻　　　　　（C）先、后钻均可

96. 钻精密孔时,其表面粗糙度值为（　　）。

（A）Ra 3.2～6.4 μm　　　　　　　（B）Ra 0.4～3.2 μm

（C）Ra 0.2～0.4 μm　　　　　　　（D）Ra 0.4～1.6 μm

97. 当孔的精度要求较高且表面粗糙度值要求较小时,加工中应取（　　）。

（A）较大的进给量和较小的切削速度　　（B）较小的进给量和较大的切削速度

（C）较大的背吃刀量　　　　　　　　　（D）较大的进给量

98. 零件被测表面与量具或量仪测头不接触,表面间不存在测量力的测量方法,称为（　　）。

（A）相对测量　　　（B）间接测量　　　（C）非接触测量　　（D）绝对测量

99. 内、外螺纹千分尺可用来检查内、外螺纹的（　　）。

（A）大径　　　　　（B）中径　　　　　（C）小径　　　　　（D）单一中径

100. 零件两个方向的尺寸与中心线具有对称性,且其他尺寸也从中心线开始标注,该零件的划线基准是（　　）。

（A）一个平面和一条中心线　　　　　　（B）两条相互垂直的中心线

（C）两个相互垂直的平面　　　　　　　（D）两个平面和一条中心线

二、中级工判断题

1. 直线度属于形状公差。（　　）

2. 几何公差的作用是控制零件上各要素的形状及其相互间的方向或位置的加工程度，以保证零件的装配互换性和使用性能。（　　）

3. 中心要素在实际零件上是具体存在的形体，它能反映出零件的实际功能作用。（　　）

4. 用研点法测量平面度误差时，不能测出具体的误差值。（　　）

5. 测量具有偶数棱的内、外旋转表面的圆度误差，宜用三点法。（　　）

6. 测量圆柱度误差时，一般取最大读数与最小读数的差值之半最大的截面值为该圆柱面的圆柱度误差。（　　）

7. 齿轮的综合测量条件与齿轮的使用条件相似，测量方法合理，常用于批量生产，以判断齿轮各项精度是否符合设计要求。（　　）

8. 用公法线千分尺测量齿轮的公法线长度时，应尽可能使测头的中部与被测件的齿面接触，以避免测头边缘塌边或磨损而影响测量精度。（　　）

9. 用样板比较法测量零件表面粗糙度时，为了得到比较正确的测量结果，所用的样板在形状、加工方法和使用的材料上，都应尽可能与被测件相同。（　　）

10. 用测微法测量平面度时，在调整被测表面与平板平行的方法中，三点法比对角线法方便且反映的数值较精确。（　　）

11. 全跳动误差，是零件被测实际要素在绕基准轴线做无轴向移动回转的同时，百分表沿理想母线连续移动，在给定方向上测得的最大与最小读数之差。（　　）

12. 圆度不能控制零件的圆锥面的形状误差。（　　）

13. 由于被测量零件的齿槽在圆周上是均匀分布的，因此测量不同齿槽的 V 形砧千分尺的测量面间的夹角是不同的。（　　）

14. 杠杆齿轮式比较仪的灵敏度较高，适用于利用绝对测量法进行精密测量。（　　）

15. 三角形角度量块具有三个工作角度，其大小为 10°～79°；四边形角度量块具有四个工作角度，其大小为 80°～100°。（　　）

16. 在组合角度量块时，其选配的原则是块数越多越好，并且每选一块至少要加上一位分秒数。（　　）

17. 针描法是利用电动轮廓仪的触针直接在零件被测表面上轻轻划过，从而测出表面粗糙度值。（　　）

18. 对材质很软、厚度很薄的有色金属材料，可用抽条按顺序打板面或用平整的木块在平板上压推板料的平面，使其平整。（　　）

19. 弯曲时，如材料厚度不变，则弯曲半径愈大，变形愈小。（　　）

20. 对各种弯曲的棒料和宽度方向上弯曲的条料，用压力机矫正时有意压过头一些，是为了消除因弹性变形所产生的回翘。（　　）

21. 材料弯曲时，弯曲部分由于受到拉伸或压缩而产生变形，其断面面积也发生变化。（　　）

22. 矫正过程中，锤击时锤子歪斜，锤的边缘和材料接触，会导致产生材料断裂的缺陷。（　　）

23. 圆柱形弹簧盘好以后,盘绕力消除,在钢丝本身的弹性应力作用下,弹簧的直径会随之增大,而圈距和长度则随之缩小。( )

24. 弯管时,如果弯曲半径超过了规定的最小值,就可能使管子产生瘪痕或焊缝裂开。
( )

25. 特形工件和一些多坐标尺寸的工件,采用三坐标划线机划线,可提高划线效率,但并没有提高划线精度。( )

26. 直角棱镜、五角棱镜和半五角棱镜都是用于改变光线方向的。( )

27. 如果物在凹透镜的主点到无穷远之间,像在主点到焦点之间,则成缩小的正立实像。( )

28. 齿距测量中较广泛地应用相对测量法。( )

29. 投影仪的光学系统中,只有在做反射照明或透射、反射同时照明时才将半透膜反射镜装上;做透射照明时应将其拆下,以免带来不必要的光能损失。( )

30. 多齿分度台虽然对每一个齿盘来说,齿与齿之间的分度精度不高,但是由于两齿盘啮合后,都可获得远高于单个齿盘的分度精度,因此多齿分度具有高的分度精度。( )

31. 单盘式渐开线检查仪由于每测量一种齿轮都要相应地更换一种基圆盘,因此对大批量生产不适用。( )

32. 在万能工具显微镜上用螺纹轮廓目镜测量时,最清晰的螺纹断面只有在显微镜轴线不垂直于被测零件轴线而与之成一螺旋升角时才能得到。( )

33. 用影像法测量螺纹中径时,先将被测螺纹的工件装夹好,按螺纹中径选择合适的照明光阑直径。在调整显微镜焦距后,必须把主柱倾斜一个螺纹升角。( )

34. 通过万能渐开线检查仪的固定基圆盘杠杆机构的放大或缩小,可以产生在其范围内的任意基圆。( )

35. 基准位移误差的数值是,一批工件的定位基准在加工要求方向上,相对于定位元件的起始基准的最大位移范围。( )

36. 基准不符误差的数值是,一批工件的工序基准在加工要求方向上,相对于定位基准的最大位移范围。( )

37. 夹紧力的方向应有利于减小夹紧作用力,所以夹紧力最好和重力、切削力同向,且垂直于工件和定位基准面。( )

38. 为防止或减少加工时的振动,夹紧力的作用点应适当靠近加工部位,以增大加工部位的刚度。( )

39. 夹具装配前,对精密的元件应彻底清洗,并用压缩空气吹净,要注意元件的干燥和防锈工作。( )

40. 精密夹具在装配前,凡过盈配合、单配、选配的元件,应严格进行复检并打好配套标记。( )

41. 夹具的对定销装配后,只要对定销能插入和拔出分度板的分度孔,就能保证定位精度。( )

42. 在特定的情况下,在用精基准定位、支承钉装配又同时磨平后,基准位置误差就可以略去不计。( )

43. 工件的定位基面必须与夹具的夹紧元件紧密接触，才能保证工件定位准确可靠。
（　　）

44. 装配时，尽管有些主要元件存在微小的偏斜或松紧不一、接触不良现象，但只要还能保持暂时的精度，就不会影响使用。（　　）

45. 精密夹具中的定位元件，只要严格检验合格后进行装配，就能保证各定位元件间有正确的相对位置精度。（　　）

46. 切削热来源于切削过程中变形与摩擦所消耗的功。（　　）

47. 液压传动比机械传动效率高。（　　）

48. 内径千分尺的测量方向和读数方向与外径千分尺相同。（　　）

49. 丝锥经热处理淬火后，都要在螺纹磨床上磨螺纹，方能使用。（　　）

50. 滚动轴承装配时，应把标有型号的端面装在可见部位，以便于将来更换。（　　）

51. 桥式起重机在空中运行时，吊具位置不能高于一人的高度。（　　）

52. 铸件毛坯的形状与零件尺寸较接近，可减少金属的消耗，减少切削加工工作量。
（　　）

53. 生产技术准备周期是从生产技术工作开始到结束为止所经历的总时间。（　　）

54. 液压系统中各种液压元件存在不同程度的泄漏。（　　）

55. 当活塞面积一定时，改变活塞运动速度可采用改变油液压力的方法。（　　）

56. 设计凸轮时，应使凸轮的最大压力角不超过某一允许值。（　　）

57. 接触器的主触头用于控制主电路，辅助触头用于控制控制电路。（　　）

58. 工序在稳定状态下生产出合格品的能力称为工序质量。（　　）

59. 在工业企业中，设备管理是指对设备的物质运动形态的技术管理。（　　）

60. 零件的每一尺寸一般只标注一次，并应标注在反映该结构最清晰的图形上。（　　）

61. 在加工过程中形成的相互有关的封闭尺寸图形，称为工艺尺寸链图。（　　）

62. 一般在没有加工尺寸要求及位置精度要求的方向上，允许工件存在自由度，所以在此方向上可以不进行定位。（　　）

63. 松键连接所获得的各种不同配合的性质是靠改变键的极限尺寸得到的。（　　）

64. 两齿轮啮合的侧隙与中心距无关。（　　）

65. 毛坯零件划线找正基准应与设计基准一致。（　　）

66. 划线可分为找正、借料两大类。（　　）

67. 锡焊用的焊料叫焊锡，是一种锡铅合金。（　　）

68. 划线是零件加工过程中的一个重要工序，因此通常能根据划线直接确定零件加工后的尺寸。（　　）

69. 在进行锯削、锉削、刮削、研磨、钻孔、铰孔等操作前都应划线。（　　）

70. 大型工件划线时，应选定划线面积较大的位置为第一划线位置，这是因为在校正工件时，较大面比较小面准确度高。（　　）

71. 大型工件划线时，选定工件上的主要中心线、平行于平台工作面的加工线为第一划线位置，可提高划线质量和简化划线过程。（　　）

72. 畸形工件划线时，当工件重心位置落在支承面的边缘部位时，必须相应加上辅助

支承。（　　）

73. 第一划线位置确定后,当有两个安置基面可供选择时,应选择工件重心低的一面作为安置基面。（　　）

74. 用平板接长法对大型工件划线时,可采用工件在接长平板(或平尺)上移动进行划线的方法。（　　）

75. 用条形垫铁与平尺调整法对大型工件划线时,靠近工件两侧的两根平尺不在同一水平面上,是造成划线错误的主要原因。（　　）

76. 划高度方向的所有线条时,划线基准是水平线或水平中心线。（　　）

77. 借料就是通过试划和调整,将各部位的加工余量重新分配,使各部位的加工表面都有足够的加工余量。（　　）

78. 箱体工件的第一划线位置,应选择加工的孔和面最多的一个位置,这样有利于减少划线时的翻转次数。（　　）

79. 箱体工件划线时,如果以中心十字线为基准校正线,则只要第一次划线正确,以后每次划线都可以用它,不必重划。（　　）

80. 箱体工件划线时,若箱体内壁不需要加工,则只要找正箱体外表面的部位即可划线,内壁可不用考虑。（　　）

81. 对于特大型工件,可用拉线与吊线法来划线,只需经过一次吊装、找正,就能完成工件三个位置的划线工作,避免多次翻转工件。（　　）

82. 畸形工件由于形状奇特,可以不必按基准划线。（　　）

83. 特殊工件划线时,合理选择划线基准、安放位置和找正面,是做好划线工作的关键。（　　）

84. 经过划线确定了工件的尺寸界限,在加工过程中应通过加工来保证尺寸的准确性。（　　）

85. 钻削相同的孔,群钻的进给量、切削转矩均比麻花钻小,且切削时间短。（　　）

86. 在相同的钻床设备条件下,群钻的进给量比麻花钻大得多,因而钻孔的效率会大大提高。（　　）

87. 群钻虽然相比麻花钻钻孔的生产效率大大提高,但不能改变所加工孔的尺寸精度、几何精度和表面粗糙度。（　　）

88. 在相同条件下,群钻的使用寿命和麻花钻是一样的。（　　）

89. 群钻的适应性强,能对不同材料、大小不一的孔进行加工,且能满足工艺结构不同的孔的加工要求(如薄板、斜面等的钻孔)。（　　）

90. 有月牙形圆弧刃的标准群钻,在钻出的孔底上有一圈凸起的圆环肋嵌在圆弧刃内,与钻头棱边共同加强定心作用,并可限制钻头的摆动。（　　）

91. 有月牙形圆弧刃的标准群钻,其外直刃上各点的前角比磨出圆弧刃之前减小,楔角增大,强度提高。（　　）

92. 标准群钻各段切削刃的后角大小不一,但均比麻花钻的大,可减少钻头与工件间的摩擦,可增大进给量,提高生产效率。（　　）

93. 标准群钻在后刀面上磨有两边对称的分屑槽。（　　）

94. 群钻七条刃的相交点能分屑,切削刃各点切屑的流向不同,到螺旋槽中易断,所以断屑好,排屑顺利。(   )

95. 标准群钻的切削性能比麻花钻优越,因此在钻削碳钢、合金钢、铸铁和有色金属时,不用改变群钻的几何参数。(   )

96. 由于纯铜的强度、硬度低,若切削刃锋利,会"梗"入工件即切入孔壁中,造成孔壁极其粗糙。(   )

97. 钻削黄铜、青铜的群钻,刃磨时,在外缘切削刃上的前角磨得要小,这样就不会发生"梗刀"现象。(   )

98. 钻削铝、铝合金的群钻,为防止和避免产生积屑瘤,可在钻削时采用较低的切削速度。(   )

99. 在铝合金材料上钻深孔的群钻,主要是解决顺利排屑的问题。(   )

100. 钻小孔时,因钻头纤细,强度低,容易折断,故钻孔时,钻头转速要比钻一般孔低。(   )

任务三　高级工理论知识考核试题

一、高级工选择题

1. 椭圆形和可倾瓦等形式轴承,可有效地解决滑动轴承在高速下可能发生的(   )问题。

(A) 工作温度　　　(B) 油膜振荡　　　(C) 耐磨性　　　(D) 抱轴

2. 换向阀芯处在中间位置时,(   )的滑阀机能可以使各油口接通。

(A) O 型　　　(B) H 型　　　(C) M 型　　　(D) V 型

3. 节流阀节流调速原理是通截流量与通截面积(   )。

(A) 成正比　　　(B) 成反比　　　(C) 相同　　　(D) 不变

4. 方向控制回路是(   )回路。

(A) 换向和闭锁　　　　　　(B) 调压和卸载

(C) 节流调速和速度换接　　　(D) 换向和调压

5. 闭锁回路所采用的主要元件为(   )。

(A) 换向阀和液控单向阀　　　(B) 溢流阀和减压阀

(C) 顺序阀和压力继电器　　　(D) 单向阀和减压阀

6. 液压传动中,将压力能转换为驱动工作部件机械能的能量转换元件是(   )。

(A) 动力元件　　(B) 执行元件　　(C) 控制元件　　(D) 辅助元件

7. 减压阀在负载变化时,对节流阀进行压力补偿,从而使节流阀前、后的压力差在负载变化时自动(   )。

(A) 提高　　　(B) 保持不变　　　(C) 降低　　　(D) 略有提高

8. 流量控制阀的技术性能主要要求有(   )稳定流量、压力损失和泄漏量等。

(A) 最大　　　(B) 最小　　　(C) 中值　　　(D) 不变

9. 依靠流体流动的能量来输送液体的泵是( )。

(A) 容积泵　　　(B) 叶片泵　　　(C) 流体作用泵　　　(D) 齿轮泵

10. 液压系统产生噪声的主要原因之一是( )。

(A) 液压泵转速过低　　　　　　　(B) 液压泵吸空

(C) 油液不干净　　　　　　　　　(D) 液压泵转速过高

11. 一台三相笼型异步电动机,功率为 1 kW(额定电流按每千瓦 2 A 估算)。它带额定负载直接启动,主电路熔断器熔丝的额定电流应选( )。

(A) 2 A　　　(B) 5 A　　　(C) 10 A　　　(D) 15 A

12. 接触器的额定工作电压是指( )的工作电压。

(A) 主触头　　　(B) 辅助触头　　　(C) 线圈　　　(D) 设计

13. 热继电器在电路中具有( )保护作用。

(A) 过载　　　(B) 过热　　　(C) 失压　　　(D) 触电

14. 在铰链四连杆中,当( )为机架时,即构成曲柄连杆机构。

(A) 最短杆的相对构件　　　　　　(B) 最短杆的相邻构件

(C) 最短杆自身　　　　　　　　　(D) 最长杆

15. 凸轮压力角是指凸轮轮廓线上某点( )方向与从动杆速度方向之间的夹角。

(A) 切线　　　(B) 法线　　　(C) 中心线　　　(D) 公法线

16. 带轮的包角 α 一般不小于( )。

(A) 180°　　　(B) 120°　　　(C) 60°　　　(D) 90°

17. 平带传动的传动比范围是( )。

(A) $i \leqslant 6$　　　(B) $i \leqslant 5$　　　(C) $i \leqslant 3$　　　(D) $i \leqslant 4$

18. V 带型号的选择以( )和主动轮的转速为依据。

(A) 计算功率　　　(B) 额定功率　　　(C) 直径　　　(D) 设计功率

19. 在机械传动中,传动轴( )作用。

(A) 只传递转矩　　　(B) 只受弯曲　　　(C) 受弯曲和扭转　　　(D) 只受扭转

20. 在高速传动中,既能补偿两轴的偏移,又不会产生附加载荷的联轴器是( )联轴器。

(A) 凸缘式　　　(B) 齿式　　　(C) 十字滑块式　　　(D) 摩擦式

21. 型号为 205 的滚动轴承直径系列是( )。

(A) 重系列　　　(B) 中系列　　　(C) 轻系列　　　(D) 轻窄系列

22. 在成对使用的轴承内圈或外圈之间加衬垫,不同厚度的衬垫可得到( )。

(A) 不同的预紧力　　　(B) 相同的预紧力　　　(C) 一定的预紧力　　　(D) 理想的预紧力

23. 同时承受径向力和轴向力的轴承是( )。

(A) 向心轴承　　　　　　　　　　(B) 推力轴承

(C) 单列圆锥滚子轴承　　　　　　(D) 向心推力轴承

24. 通过 F 点的入射光线,经透镜两表面折射后,若出射线平行于光轴,则 F 点称为透镜的( )。

(A) 像方焦点　　　(B) 物方焦点　　　(C) 共扼点　　　(D) 焦点

25. 测长仪属于(　　)的量仪。

(A) 相对测量　　　　　　　　　　(B) 绝对测量

(C) 相对和绝对测量　　　　　　　(D) 精密测量

26. 基节测量仪用于测量相邻齿同名齿廓的(　　)距离。

(A) 最长　　　　(B) 最短　　　　(C) 平均　　　　(D) 近似

27. 自准直仪中,像的偏移量由反射镜的转角决定,与反射镜到物镜的(　　)。

(A) 距离有关　　　(B) 距离无关　　　(C) 转角无关　　　(D) 转角有关

28. 在精密夹具装配的调整过程中,选择的补偿件应为(　　)。

(A) 最先装配的元件　　　　　　　(B) 中间装配的元件

(C) 最后装配的元件　　　　　　　(D) 便于加工的元件

29. 低熔点合金的熔点为(　　)。

(A) 80～100 ℃　　　　　　　　　(B) 100～120 ℃

(C) 150～200 ℃　　　　　　　　　(D) 200～220 ℃

30. 在大批大量生产中,采用量规、卡规等专用量具能缩短(　　)。

(A) 基本时间　　　　　　　　　　(B) 辅助时间

(C) 准备与终结时间　　　　　　　(D) 操作时间

31. 采用先进夹具及各种快速换刀、自动换刀和对刀装置能缩减(　　)。

(A) 辅助时间　　　　　　　　　　(B) 准备与终结时间

(C) 布置工作地时间　　　　　　　(D) 基本时间

32. 直接改变生产对象的尺寸、形状、相对位置、表面状态或材料性质等工艺过程所需的时间为(　　)。

(A) 基本时间　　　　　　　　　　(B) 辅助时间

(C) 准备与终结时间　　　　　　　(D) 加工时间

33. 更换刀具、润滑机床、清理切屑等所消耗的时间为(　　)。

(A) 辅助时间　　　　　　　　　　(B) 准备与终结时间

(C) 布置工作地时间　　　　　　　(D) 加工时间

34. 安装工件、操作机床、选择切削用量、测量工件尺寸等所消耗的时间为(　　)。

(A) 辅助时间　　　　　　　　　　(B) 准备与终结时间

(C) 基本时间　　　　　　　　　　(D) 操作时间

35. 物体做机械振动时,其频率与周期的乘积等于(　　)。

(A) 零　　　　(B) 小数　　　　(C) 1　　　　(D) 分数

36. 在临界状态下,最大静滑动摩擦力与物体的(　　)成正比。

(A) 约束反力　　　(B) 主动力　　　(C) 正压力　　　(D) 重力

37. 在临界状态下,物体所受的全反力与法线方向的夹角称为(　　)。

(A) 摩擦角　　　(B) 压力角　　　(C) 包角　　　(D) 锐角

38. 要想保证某构件的安全,构件横截面上的最大应力必须小于或等于材料的(　　)。

(A) 正应力　　　(B) 剪应力　　　(C) 许用应力　　　(D) 破坏应力

39. 以滑块为主动件的曲柄滑块机构有（　　）个死点位置。

(A) 1　　　　　　(B) 2　　　　　　(C) 3　　　　　　(D) 4

40. 在曲柄摇杆机构中,曲柄长度（　　）。

(A) 最长　　　　(B) 最短　　　　(C) 大于摇杆长度　(D) 大于连杆长度

41. 同一条渐开线上各点的曲率半径（　　）。

(A) 相同　　　　(B) 不相同　　　(C) 为一常数　　　(D) 等于零

42. 圆锥齿轮几何尺寸的计算应以（　　）为准。

(A) 大端　　　　　　　　　　　　(B) 小端

(C) 大端和小端的中间　　　　　　(D) 大端或小端

43. 齿轮强度计算的主要任务是,合理选择材料和热处理方法,恰当地确定参数,其中主要是确定齿轮的（　　）。

(A) 抗弯强度　　(B) 弯曲应力　　(C) 模数　　　　(D) 齿数

44. 机械效率值永远（　　）。

(A) 大于 1　　　(B) 小于 1　　　(C) 等于 0　　　(D) 为一常数

45. 螺旋的机械效率大小与螺纹的（　　）及摩擦角有关。

(A) 升角　　　　(B) 夹角　　　　(C) 中径　　　　(D) 导程

46. 为了缩小飞轮的体积,应当把它安装在机器的（　　）。

(A) 低速轴上　　(B) 变速轴上　　(C) 高速轴上　　(D) 转动轴上

47. 研磨合金工具钢、高速钢的最好磨料是（　　）。

(A) 氧化物　　　(B) 碳化物　　　(C) 金刚石　　　(D) 氧化铬

48. 减速箱的蜗杆轴组件装入箱体后,轴端与轴承盖轴向间隙应为（　　）mm。

(A) 0.01～0.02　(B) 0.1～0.2　　(C) 1～2

49. 采用手动夹紧装置时,夹紧机构必须具有（　　）性。

(A) 导向　　　　(B) 自锁　　　　(C) 平衡　　　　(D) 平稳

50. 牌号为 YT30 的硬质合金材料的（　　）比 T8 材料高。

(A) 抗弯强度　　(B) 韧性　　　　(C) 硬度　　　　(D) 塑性

51. 磨削较硬的材料时应选用（　　）的磨具。

(A) 较硬　　　　(B) 硬　　　　　(C) 较软　　　　(D) 软

52. 若磨具与工件的接触面大,则磨具硬度应（　　）一些。

(A) 高　　　　　(B) 较高　　　　(C) 低　　　　　(D) 较低

53. 决定螺纹旋合性的主要参数是螺纹的（　　）。

(A) 中径　　　　(B) 大径　　　　(C) 螺距　　　　(D) 小径

54. 为细化组织,提高力学性能,改善切削加工性能,可对低碳钢零件进行（　　）处理。

(A) 退火　　　　(B) 淬火　　　　(C) 正火　　　　(D) 再结晶退火

55. 在切削中碳合金钢锻坯时发现硬度过高,应采用（　　）处理来改善切削性能。

(A) 完全退火　　(B) 球化退火　　(C) 正火　　　　(D) 调质

56.经加工硬化了的金属材料,为了恢复其原有的性能,常进行(　　)处理。

(A) 正火　　　　　(B) 调质　　　　　(C) 去应力退火　(D) 再结晶退火

57.下列符号中表示金属材料性能的符号为(　　)。

(A) Q　　　　　　(B) C　　　　　　(C) D　　　　　　(D) HB

58.大型工件划线时,为了安全,在划线位置确定后,应选择工件(　　)为安置基面。

(A) 大面　　　　　(B) 小面　　　　　(C) 较平的面　　　(D) 重心低的一面

59.选择某种装配方法以保证达到封闭环的精度要求,从而保证装配精度,其中包括装配过程中所采用的测量技术等手段的是(　　)。

(A) 求解尺寸链　　(B) 选择装配基准　(C) 选择设计基准　(D) 选择加工基准

60.冲模装配结束后,在实际生产条件下必须进行(　　)。

(A) 检验　　　　　(B) 试冲　　　　　(C) 调整　　　　　(D) 修配

61.冷冲模装配后进行试冲是为了能及早发现冲模存在的质量缺陷,通过分析找出产生缺陷的原因,以进行适当的(　　)和修理。

(A) 检查　　　　　(B) 确定工件尺寸　(C) 更换零件　　　(D) 调整

62.当拉深模试冲时,拉深间隙过大导致拉深件拉深高度不够,应(　　)。

(A) 放大毛坯尺寸　　　　　　　　　　(B) 更换凸模或凹模使之间隙合理

(C) 加工凸模圆角半径　　　　　　　　(D) 改变设计尺寸

63.当毛坯工件上有不加工表面时,通过找正后再划线可使加工表面与不加工表面之间保持(　　)。

(A) 尺寸均匀　　　　　　　　　　　　(B) 形状均匀

(C) 尺寸和形状均匀　　　　　　　　　(D) 形状对称

64.弯曲焊接钢管时,焊缝应置于(　　)位置。

(A) 内弧边　　　　(B) 外弧边　　　　(C) 中性层　　　　(D) 外侧

65.珩磨用油石上磨粒的切削轨迹在工件表面上形成交叉且不重复的网纹,因而工件工作时其表面网纹可以(　　)。

(A) 储存润滑油　　(B) 减少接触面　　(C) 增加摩擦力　　(D) 减少摩擦力

66.圆柱孔在可调节研磨棒上研磨后,孔呈椭圆形是由于研磨棒与工件的配合(　　)所造成的。

(A) 适当　　　　　(B) 太松　　　　　(C) 太紧　　　　　(D) 不适当

67.具有能使液压泵卸载的三位四通换向阀的滑阀机能应是(　　)。

(A) H 型滑阀机能　(B) Y 型滑阀机能　(C) O 型滑阀机能　(D) V 型滑阀机能

68.一般来讲,用同一原始作用力和相同的力臂夹紧工件时,(　　)的夹紧力最大。

(A) 斜楔夹紧　　　(B) 螺旋夹紧　　　(C) 圆偏心夹紧　　(D) 杠杆夹紧

69.蜗杆轴组件装配后的基本要求之一,是蜗轮轮齿的对称中心面与蜗杆轴线(　　)。

(A) 平行　　　　　(B) 重合　　　　　(C) 垂直

70.同轴度属于(　　)公差。

(A) 定向　　　　　(B) 位置　　　　　(C) 跳动　　　　　(D) 定位

71. 装配精度完全依赖于零件加工精度的装配方法,即为(   )。

(A) 完全互换法　　(B) 修配法　　　(C) 选配法

72. 根据装配精度(即封闭环公差)合理分配各组成环公差的过程,叫(   )。

(A) 装配过程　　　(B) 检验过程　　(C) 解尺寸链

73. 在尺寸链中,确定各组成环公差带的位置,对相对于轴的被包容尺寸,可注成(   )。

(A) 单向正偏差　　(B) 单向负偏差　(C) 双向正负偏差

74. 在尺寸链中,确定各组成环公差带的位置,对相对于孔的包容尺寸,可注成(   )。

(A) 单向正偏差　　(B) 单向负偏差　(C) 双向正负偏差。

75. 装配时,使用可换垫片、衬套和镶条等,以消除零件间的累积误差或配合间隙的方法是(   )。

(A) 修配法　　　　(B) 选配法　　　(C) 调整法

76. 在尺寸链中,当其他尺寸确定后,新产生的一个环,是(   )。

(A) 增环　　　　　(B) 减环　　　　(C) 封闭环

77. 封闭环公差等于(   )。

(A) 增环公差　　　(B) 减环公差　　(C) 各组成环公差之和

78. 用水平仪检验车床导轨的倾斜方向时,气泡移动方向与水平仪一致为"＋",表示导轨(   )。

(A) 向上倾斜　　　(B) 向下倾斜　　(C) 水平

79. 拼装车床齿条时,在两根相接齿条的接合处的端面之间,须留有 0.5 mm 左右的(   )。

(A) 间隙　　　　　(B) 过盈　　　　(C) 间隙或过盈都可

80. 车床主轴轴承间隙太大时,将使加工的工件(   )。

(A) 产生锥度　　　(B) 产生椭圆或棱圆　　　　　(C) 端面不平

81. 车床主轴轴向窜动太大时,将使加工的工件(   )。

(A) 端面中凸　　　(B) 端面中凹　　(C) 端面振摆超差

82. 在冷态下,检验车床主轴与尾座孔两中心线的高度时,要求尾座孔中心线应(   )主轴中心线。

(A) 等于　　　　　(B) 稍高于　　　(C) 稍低于

83. 车床主轴变速箱安装在床身上时,应保证主轴中心线对溜板移动在垂直平面内的平行度要求,并要求主轴中心线(   )。

(A) 只许向上偏　　(B) 只许向下偏　(C) 只许向前后偏

84. 车床主轴变速箱安装在床身上时,应保证主轴中心线对溜板移动在水平平面内的平行度要求,并要求主轴中心线(   )。

(A) 只许向前偏　　(B) 只许向后偏　(C) 只许向上下偏

85. 车床床身导轨的直线度公差,在垂直平面内每一米长度为 0.02 mm,在全行程上(   )。

(A) 只许凸　　　　(B) 只许凹　　　(C) 可凸也可凹

86. 安装机床时,垫铁的数量和分布不符合要求时,将会引起机床的(　　)。

(A) 功率降低　　　　(B) 噪声增加　　　　(C) 变形

87. 造成车床主轴工作时回转误差的主要因素除主轴本身误差外,还有(　　)。

(A) 刀具振动的影响　　　　　　(B) 主轴支承系统的误差

(C) 传动系统的误差

88. 机床主轴各轴颈的同轴度误差超差,会使端部锥孔定心轴颈对回转中心线产生偏心而产生(　　)。

(A) 轴向窜动　　　　(B) 径向圆跳动　　　　(C) 端面圆跳动

89. 支承端面轴颈轴心线的垂直度误差,将使主轴旋转时产生(　　)。

(A) 轴向窜动　　　　(B) 径向圆跳动　　　　(C) 端面圆跳动

90. 造成主轴回转中心线位移的重要因素是(　　)。

(A) 主轴形状精度　　　　(B) 主轴尺寸精度　　　　(C) 轴承的间隙

91. 连接件表面之间,在外力作用下,接触部位产生较大的接触应力而发生变形,是由于零件的接触(　　)较差。

(A) 强度　　　　　　(B) 刚度　　　　　　(C) 硬度

92. 机床各电动机的振动,是(　　)振源。

(A) 机内　　　　　　(B) 机外　　　　　　(C) 机内机外都有

93. 与滚动轴承相配合的轴颈和轴承壳体孔,要具有较高的(　　)度要求。

(A) 平行　　　　　　(B) 垂直　　　　　　(C) 同轴

94. 将需要修理的部件拆卸下来,换上事先准备好的同类部件,叫(　　)修理组织法。

(A) 部件　　　　　　(B) 分部　　　　　　(C) 同步

95. 拆卸精度较高的零件时,采用(　　)。

(A) 击卸法　　　　　　(B) 拉拔法　　　　　　(C) 破坏法

96. 拆卸位于轴端面的带轮、链轮、齿轮及滚动轴承等时,可用各种(　　)。

(A) 螺旋拉卸器　　　　(B) 专用工具　　　　(C) 拔销器

97. 拆卸用铜、铸铁、轴承合金制成的轴套时,可用(　　)。

(A) 螺旋拉卸器　　　　(B) 专用工具　　　　(C) 拔销器

98. 拆卸形状简单的静止配合件时,可用(　　)。

(A) 拉拔法　　　　　　(B) 顶压法　　　　　　(C) 温差法

99. 链传动中,链轮轮齿逐渐磨损,节距增加,链条磨损加快,磨损严重时,应(　　)。

(A) 调节链轮中心距　　　　　　(B) 更换个别链节

(C) 更换链条和链轮

100. 当轴径小于 50 mm,轴的弯曲大于 0.06 mm/1000 mm 时,可采用(　　)。

(A) 冷校直　　　　　　(B) 热校直　　　　　　(C) 冷校直或热校直均可

二、高级工判断题

1. 机械加工工艺过程就是指生产过程的总和。(　　)

2. 选用滑动轴承润滑油的原则是,高速低载时,用低黏度油,低速重载时用高黏度油。

(　　)

3. 机床试运转时,应密切注意油的温升情况,试运转 2 h 内,其温度不得高于室温 20 ℃。（　　）

4. 为了保证转子在高速下旋转的平稳性,转子上的内孔、外圆必须对轴颈有较小的位置度误差。（　　）

5. 只要严格控制转子的制造精度和平衡精度,就可消除转子的质量偏心。（　　）

6. 在大多数状态下,轴承和油膜的刚度呈各向不同性。（　　）

7. 转子有一阶、二阶、三阶……一系列临界转速,其中一阶临界转速最低。（　　）

8. 转子旋转时,振动高点滞后于重点一定的角度。（　　）

9. 车床和磨床的振动主要是切削加工时的自激振动,即颤振。（　　）

10. 在精密机床基础周围挖出防振沟,是一种积极隔振措施。（　　）

11. 用轴振动值来评定旋转机械的振动,比用轴承振动值来评定更具先进性。（　　）

12. 转子转速越高,其振动的双振幅允许值也越高。（　　）

13. 测量轴承振动时常用速度传感器。（　　）

14. 用涡流式位移传感器测量轴振动时,传感器与轴表面间的距离应小于 1 mm。（　　）

15. 转子的轴颈呈椭圆形,旋转时将产生两位频振动。（　　）

16. 只有工作转速高于一阶临界转速两倍的挠性转子,才可能产生油膜振荡。（　　）

17. 减小轴承比压,可以防止油膜振荡的发生。（　　）

18. 噪声主要是由机械和气体的振动而引起的。（　　）

19. 在噪声的测量评定中,一般都用 A 声级,即 dB(A) 表示。（　　）

20. 柔性制造系统是指可变的、自动化程度较高的制造系统。（　　）

21. 为消除滚珠丝杠螺母副的轴向间隙,可采用预紧的方法,预紧力越大,效果越好。（　　）

22. 静压导轨滑动面之间油腔内的油膜,须在运动部件运动后才能形成压力。（　　）

23. 塑料导轨粘贴时,塑料软带应粘贴在机床导轨副的短导轨面上。（　　）

24. 当滚动导轨颠覆力矩较大时,为了防止滚动导轨脱离接触,应对滚动导轨进行预紧。（　　）

25. TH6350 数控镗床的选刀方式,是程序选刀,即每把刀具都有固定的存刀位置。（　　）

26. 根据机械手后的换刀动作循环过程,每换一次刀,需有 42 个动作。（　　）

27. 挠性转子在临界转速以上运转时,转子将逐渐产生动挠度。（　　）

28. 传感器与轴表面间的距离,通常调整为 1～1.5 mm。（　　）

29. 数控机床成功地解决了形状复杂零件的切削加工自动化生产的问题。（　　）

30. 成组工艺是一种按光学原理进行生产的工艺方法。（　　）

31. 自准直仪可以用来测量反射镜对光轴垂直方位的微小移动。（　　）

32. 国产测微准直望远镜的示值读数每格为 0.02 mm。（　　）

33. 测微准直望远镜建立测量基准线的基本方法,是依靠光学量仪提供一条光学视线,将靶标中心与量仪光学视线中心调至平行。（　　）

34. 光学直角头装在准直望远镜的端部,可建立与测量基准线平行的视线,作为垂直

坐标的测量基准线。（　　）

35. 经纬仪主要用来测量精密机床的水平转台和万能转台的分度精度。（　　）

36. 对直线度分段测量时,每次测的距离越短,次数测得越多,测量精度就越高。
（　　）

37. 对于精密机床的工作台面或基准平板工作面的平面度误差测量,小型件可采用间接测量法和光线基准法。（　　）

38. 用对角线法测量平面的平面度误差,对于矩形被测平面的测量布线,其纵向和横向布线应不少于三个位置。（　　）

39. 用工具经纬仪等光学仪器,通过光线扫描方法建立的基准平面,其特点是数据处理与调整都方便,测量效率和精度都较高。（　　）

40. 经纬仪还可用于测量机床回转台的分度误差。（　　）

41. 经纬仪度盘的刻线符合后,每格为 $10'$,测微尺上下共 600 格,每小格为 $1'$ 。（　　）

42. 在数控铣床上加工空间凸轮,需要有两个方向的运动,即工件的旋转和刀具的移动。（　　）

43. 数控机床上的程序规定了机床各工作部分动作的先后次序。（　　）

44. 数控机床上的程序还规定各部分动作的移动方向、距离、速度以及切削用量。
（　　）

45. 穿孔带穿复机具有穿孔和复核装置以及打字装置。（　　）

46. 代码的作用是识别穿孔机打在纸带上制成的穿孔带,并转换为可以传递的脉冲信号。（　　）

47. 数控装置的点位控制的特点是仅控制行程的终点坐标值。（　　）

48. 步进电动机是连续旋转的。（　　）

49. 数控装置的连续控制特点是控制刀具或工作台位移的终点坐标。（　　）

50. 在数控机床中,常采用滚动丝杠和静压螺母,用滚动摩擦代替滑动摩擦。（　　）

51. 轴承使用寿命的长短,主要看轴承的跑合性好坏、减磨性好坏和耐磨性的好坏。
（　　）

52. 在选用轴套材料时,对于低速、轻载和无冲击载荷,不能用灰铸铁。（　　）

53. 含油轴承的材料是天然原料。（　　）

54. 巴氏合金浇铸前先要在其基体上镀锡,其原因为使它与轴承合金黏合更牢固。（　　）

55. 动压轴承具有油膜刚度好和主轴旋转精度高的特点。（　　）

56. 油楔的承载能力,除与几何尺寸有关外,还与油的黏度、轴的转速和间隙有关。
（　　）

57. 剖分式轴瓦一般都用与其相配的轴来研点。（　　）

58. 前后两个滚动轴承的径向圆跳动量不等时,应使前轴承的径向圆跳动量比后轴承的小。（　　）

59. 机床导轨是机床各运动部件做相对运动的导向面,是保证刀具和工件相对运动的关键。（　　）

60. 机床导轨面经刮削后,只要其接触点数达到规定的要求即可。（　　）

61. 机床导轨面的接触点越多越好,精密机床的接触点数在每 25 mm×25 mm 25 点

以上。（　　）

62. 刮削一组导轨时,基准导轨必须进行精度检查,而与其相配的导轨只需进行接触点数的检查,不做单独的精度检查。（　　）

63. 刮削 V 形-矩形组合导轨时,应先刮削平面导轨,因为测量较为方便,然后再以平面导轨为基准刮削 V 形导轨。（　　）

64. 燕尾形导轨的刮削,一般采取成对交替配刮的方法。（　　）

65. 机床导轨直线度误差的测量,一般应用线值测量法。（　　）

66. 刮削机床导轨时,通常选用比较长的、限制自由度比较多的、比较难刮的支承导轨作为基准导轨。（　　）

67. 楔形镶条的两个大平面都与导轨均匀接触,所以比平镶条接触刚度好,但加工稍有困难。（　　）

68. 螺旋机构是用来将直线运动转变为旋转运动的机构。（　　）

69. 为了提高丝杠螺母副的精度,常采用消隙机构来调整径向配合间隙。（　　）

70. 单螺母消隙机构,是在螺母的中径方向上施加一径向力,使丝杠与螺母保持单面接触以消除径向间隙。（　　）

71. 矩形导轨适用于载荷较大而导向性要求稍低的机床。（　　）

72. 圆柱形导轨制造方便,但因磨损后难以补偿间隙,故应用较少。（　　）

73. 可以单独进行装配的零件,称为装配单元。（　　）

74. 最低级的分组件,是由若干个单独的零件组成的。（　　）

75. 由两个或两个以上零件结合成的机器的一部分称为部件。（　　）

76. 产品的装配顺序,基本上由产品的结构和装配组织形式决定。（　　）

77. 在装配过程中,每个零件都必须进行试装,通过试装时的修理、刮削、调整等工作,使产品达到规定的技术要求。（　　）

78. 在制定装配工艺规程时,每个装配单元通常可作为一道装配工序,任何产品一般都能分成若干个装配单元。（　　）

79. 尺寸链中,当封闭环增大时,增环也随之增大。（　　）

80. 装配尺寸链每个独立尺寸的偏差都将影响装配精度。（　　）

81. 柴油机工作时,进气门、排气门都要早开迟关,这样是为了进气能充分、顺利,排气能彻底、干净。（　　）

82. 柴油机工作时,进气行程活塞由上止点到达下止点,气缸内压力低于外界大气压力。活塞由下止点到上止点,气缸内压力则高于外界大气压力。（　　）

83. 空气滤清器的作用是滤去空气中的灰尘杂质,使干净的空气进入气缸。（　　）

84. 汽油机燃料供给系统的作用,是根据汽油机不同的工况要求,配制出一定数量和浓度的可燃混合气输入气缸。（　　）

85. 汽油机气缸内压缩后的混合气是依靠火花塞电极间产生电火花而燃烧的。（　　）

86. 流体作用泵是依靠流体流动的能量而输送液体的。（　　）

87. 离心泵是依靠高速旋转的叶轮而使液体获得压头的。（　　）

88. 离心泵在启动前必须灌满液体,同时关闭进水口。（　　）

89. 离心式鼓风机产生的压力为 0.2～0.3 MPa,只需一个工作叶轮。（　　）

90. 制冷剂在汽化时继续吸收热量,其温度随之升高。(　　)

91. 冷凝器的作用是使高压蒸汽放热而冷凝为低压的液体。(　　)

92. 制冷过程,实质是将高温的物质冷却到室温的过程。(　　)

93. 液体沸腾时保持不变的温度,叫沸点。(　　)

94. 热电偶测温仪属于非接触式测温仪器。(　　)

95. 酒精温度计的测温范围为 $-100 \sim 75 \, ℃$,在玻璃管上刻有均匀的刻度。(　　)

96. 热电偶是一种感温元件,它能直接指出温度。(　　)

97. 离心式转速表,一般不能获得很高的测量精度。(　　)

98. U 形管压力计测量精度较高,但只适用于测量较低的压力范围。(　　)

99. 目前工程上较多采用直接测量法来测定流体的流量。(　　)

100. 转矩传感器不仅可以测定转矩的大小,也可以测定其转速。(　　)

参 考 文 献

[1] 陈刚,刘新灵. 钳工基础[M]. 2 版. 北京:化学工业出版社,2024.

[2] 陈卫红等. 湖北省技能高考·机械类(钳工)技能操作训练[M]. 南京:南京出版社,2024.

[3] 陈刚,刘新灵. 钳工实用技术[M]. 北京:化学工业出版社,2020.

[4] 吴清. 钳工基础技术[M]. 3 版. 北京:清华大学出版社,2020.

[5] 田景亮,田小川. 图解机械装配基础入门[M]. 北京:化学工业出版社,2022.

[6] 李颖,刘忠菊. 钳工工艺与技能[M]. 2 版. 北京:北京理工大学出版社,2022.

[7] 邵建萍,张能武. 钳工完全自学一本通[M]. 北京:化学工业出版社,2021.

[8] 徐彬. 钳工技能鉴定考核试题库[M]. 2 版. 北京:机械工业出版社,2016.

[9] 姜利,周晓峰. 钳工加工技术与技能[M]. 2 版. 北京:机械工业出版社,2021.

[10] 张翼,韩彩娟. 钳工实训指导[M]. 哈尔滨:哈尔滨工程大学出版社,2018.

[11] 张利人. 钳工技能实训[M]. 北京:人民邮电出版社,2018.

[12] 汪哲能. 钳工工艺与技能训练[M]. 2 版. 北京:化学工业出版社,2017.

[13] 王红梅. 机械加工综合实训(初级)[M]. 北京:北京航空航天大学出版社,2017.

[14] 梁梅. 钳工基本操作技能训练[M]. 北京:北京交通大学出版社,2017.

[15] 钟翔山. 钳工手册[M]. 北京:化学工业出版社,2021.

[16] 吴元祥,陈刚. 钳工技术[M]. 北京:化学工业出版社,2012.

[17] 吴清. 公差配合与检测[M]. 北京:清华大学出版社,2013.

[18] 吴清. 钳工基础技术实训习题集[M]. 北京:清华大学出版社,2011.

[19] 中国北车股份有限公司. 工具钳工[M]. 北京:中国铁道出版社,2015.